76

REIHE AUTOMATISIERUNGSTECHNIK

Herausgegeben von B. Wagner und G. Schwarze

Kontinuierliche Flüssigkeitsdichtemessung

Grundbegriffe der Betriebsmeßtechnik – dargestellt am Beispiel der Meßgröße „Dichte“

Hans Hart

VEB VERLAG TECHNIK BERLIN

Additional material to this book can be downloaded from http://extras.springer.com

ISBN 978-3-663-03150-5 ISBN 978-3-663-04339-3 (eBook)
DOI 10.1007/978-3-663-04339-3

REIHE AUTOMATISIERUNGSTECHNIK

RA 51 *Bode:* Lochkartentechnik
RA 52 *Paulin:* Kleines Lexikon der Rechentechnik und Datenverarbeitung
RA 53 *Greif:* Meßwert-Registriertechnik
RA 54 *Jeschke:* Kleines Lexikon der Betriebsmeßtechnik
RA 55 *Töpfer* u. a.: Pneumatische Bausteinsysteme der Digitaltechnik
RA 56 *Weller:* Regelung von Dampferzeuern
RA 57 *Mütze:* Numerisch gesteuerte Werkzeugmaschinen
RA 58 *Heimann:* Radionuklide in der Automatisierungstechnik
RA 59 *Fuchs/Weller:* Mehrfachregelungen
RA 60 *Queisser:* Instandhaltung von Automatisierungsanlagen
RA 61 *Peschel:* Einführung in die statistischen Methoden
RA 62 *Töpfer* u. a.: Pneumatische Steuerungen
RA 63 *Kochen/Strempel:* Programmgesteuerte Werkzeugmaschinen und ihr Einsatz
RA 64 *Brenk/Eichner:* Integrierte Datenverarbeitung
RA 65 *Gensel:* Zerstörungsfreie Prüfverfahren
RA 66 *Worgitzki:* Elektrisch-analoge Bausteine der Antriebstechnik
RA 67 *Kerner:* Praxis der ALGOL-Programmierung
RA 68 *Pankalla:* Aufbau und Einsatz von Prozeßrechenanlagen
RA 69 *Timpe:* Ingenieurpsychologie und Automatisierung
RA 70 *Böhme:* Periphere Geräte der digitalen Datenverarbeitung
RA 71 *Dutschke/Grebenstein:* BMSR-Einrichtungen in explosionsgefährdeten Betriebsstätten
RA 72 *Müller:* Automatisierungsanlagen
RA 73 *Paulin:* FORTRAN — Kodierung von Formeln
RA 74 *Paulin:* FORTRAN — Datenbeschreibung und Unterprogrammtechnik
RA 75 *Gottschalk:* Darstellungen und Symbole der Automatisierungstechnik
RA 76 *Hart:* Kontinuierliche Flüssigkeitsdichtemessung
RA 77 *Börnigen:* Elektronische Datenverarbeitungsanlage Robotron 300
RA 78 *Krebs:* Rechner in industriellen Prozessen
RA 79 *Böhme/Born:* Programmierung von Prozeßrechnern
RA 80 *Lemgo/Tschirschwitz:* Programmierung des Robotron 300 — Zentraleinheit
RA 81 *Lemgo/Tschirschwitz:* Programmierung des Robotron 300 — Peripherie
RA 82 *Mikutta* u. a.: Bauelemente der Industriepneumatik
RA 83 *Dörband* u. a.: Praxis der FORTRAN-Programmierung — Grundstufe
RA 84 *Dörband* u. a.: Praxis der FORTRAN-Programmierung — Oberstufe
RA 85 *Kautsch:* Elektronenstrahl-Oszillografie
RA 86 *Bürger/Leonhardt:* Lochbandtechnik
RA 87 *Trognitz/Wegner:* Physiologische Arbeitsgestaltung
RA 88 *Kadow/Kerner:* Programmieranweisung ZRA 1
RA 89 *Eube/Illge:* Membran-Stellventile
RA 90 *Woschni:* Meßfehler bei dynamischen Messungen und Auswertung von Meßergebnissen
RA 91 *Biener/Suschke:* Praxis des analogen Rechnens
RA 92 *Wahl:* Grundlagen der Elektronik

Lektor: *Jürgen Reichenbach*
Bestellnummer: 8/3/3984 ES 20 K 2
DK 621.317.39 531.756.083.93

VLN 210. Dg. Nr. 370/200/69 Deutsche Demokratische Republik
Satz und Druck: Engelhard-Reyher-Stollbergsche Buchdruckerei KG., Gotha
Einbandgestaltung: *Kurt Beckert*

Eingetragene Schutzmarke des Warenzeichenverbandes
Regelungstechnik e. V. Berlin

Vorwort

Die Flüssigkeitsdichte ist eine Meßgröße, mit deren Hilfe viele Probleme der Betriebskontrolle gelöst werden können. Obwohl die Bemühungen, die Dichte kontinuierlich zu messen, schon längere Zeit im Gange sind, ist die Entwicklung noch immer nicht abgeschlossen. So gibt es auch heute noch viele Betriebskontrollprobleme, die durch eine kontinuierliche Messung der Flüssigkeitsdichte zufriedenstellend gelöst werden könnten, die aber infolge fehlender Kenntnisse oder auf Grund technischer oder organisatorischer Schwierigkeiten bisher offengeblieben sind. Deshalb erschien es angebracht, die Möglichkeiten der kontinuierlichen Flüssigkeitsdichtemessung einmal etwas ausführlicher darzustellen, als es im Band „Flüssigkeitsanalysen-Meßtechnik“ RA 26 möglich war.

Eine solche detaillierte Darstellung bot zugleich die Möglichkeit, auf einige meßtechnische Probleme von allgemeinerer Bedeutung etwas näher einzugehen und sie am konkreten Beispiel zu erläutern. Die entsprechenden Abschnitte, in denen derartige Grundfragen der Betriebsmeßtechnik behandelt werden, sind durch Sterne kenntlich gemacht. Anschließend werden diese Fragen jeweils durch Beispiele aus dem Bereich der Flüssigkeitsdichtemessung weiter verdeutlicht. Dabei sind diese Beispiele nicht in erster Linie nach ihrer Bedeutung für spezielle Meßprobleme, sondern vorzugsweise nach ihrer Eignung für die Demonstration derartiger meßtechnischer Grundlagenprobleme ausgewählt.

Die bei der Besprechung einiger industriell hergestellter Meßeinrichtungen benutzten Gerätenamen sind z. T. geschützte Warenzeichen. Ihre Verwendung im vorliegenden Text bedeutet jedoch nicht, daß sie zu anderweitiger Benutzung frei sind.

Die Angabe der technischen Parameter der erwähnten Geräte ist stellenweise lückenhaft, da manche der benötigten Informationen nicht zugänglich waren. Deshalb wären Autor, Herausgeber und Verlag für weitere Unterlagen und andere weiterführende Hinweise dankbar.

H. Hart

Inhaltsverzeichnis

1. Die Dichte als Meßgröße

1.1. Begriffserklärungen und Definitionen

Mit „*Dichte*“ im allgemeinsten Sinn wird eine beliebige physikalische Größe, bezogen auf ein Volumen, eine Fläche, eine Linie oder auch auf die Zeit, bezeichnet. So werden beispielsweise unter *Stromdichte* eine Stromstärke/Fläche, unter *Raumladungsdichte* die Ladungen/Volumen, unter *Leuchtdichte* die Lichtstärke/Fläche und unter *Impulsdichte* die Impulse/Zeiteinheit verstanden. Aus der Bezeichnung soll hervorgehen, um welche physikalische Größe es sich handelt. Demzufolge müßte exakterweise auch von *Massendichte* gesprochen werden, und zwar je nachdem, ob die Masse m auf die Fläche A oder das Volumen V bezogen wird, von *Flächenmassendichte* (m/A) oder *Volumenmassendichte* (m/V). Diese beiden Ausdrücke sind etwas lang und deswegen ungebräuchlich: sie werden meistens abgekürzt, wobei im ersten Fall von *Flächenmasse* s ($s = m/A$) oder Flächendichte, im zweiten Fall allgemein von *Dichte* gesprochen wird.

Unter Dichte im engeren Sinn wird also $\varrho = m/V$ verstanden. Dafür wird auch die Bezeichnung *Densität* benutzt. Bei Feststoffen, die nicht in kompakter Form vorliegen, d. h. bei porösem Material, muß zwischen *Reindichte* und *Rohdichte* unterschieden werden. Dabei ist die Rohdichte der Quotient Masse/Gesamtvolumen (einschließlich Porenvolumen). Auch Begriffe wie *Schüttdichte*, *Lagerungsdichte*, *Packungsdichte*, *Verdichtungsgrad* u. ä. sowie die falschen Bezeichnungen Schütt*gewicht* und Raum*gewicht* wären zu erwähnen, worauf im Zusammenhang mit der Flüssigkeitsdichtemessung nicht näher eingegangen wird.

Eine Rolle spielt noch der Fachausdruck *Normdichte*, der für die Dichte einer Substanz im Normzustand, d. h. bei 20 °C und 760 Torr, gebräuchlich ist. Mit der veralteten Bezeichnung *spezifisches Gewicht* ist die Dichte eines Stoffes, bezogen auf die Dichte von Wasser, gemeint. Dieser Quotient heißt *Dichtezahl* und hat das Symbol D_4^{20}, wenn die Dichte des Meßgutes bei 20 °C und die des Wassers bei 4 °C zugrunde gelegt wird.

Der Quotient aus Gewicht und Volumen ist die *Wichte* γ. Über die Erdbeschleunigung $g = 9{,}80665\ \mathrm{m/s^2}$ läßt sie sich in die Dichte umrechnen: $\gamma = g \cdot \varrho$. Auch wenn der Begriff Wichte nicht mehr verwendet werden soll, so hat er doch eine gewisse Bedeutung, weil beispielsweise mit aräometrischen Meßverfahren (vgl. Abschn. 3.3.) primär ein Auftrieb ermittelt wird, der einem Gewicht gleich ist. Bei der angegebenen Erdbeschleunigung ist der Zahlenwert der Wichte in $\mathrm{p/cm^3}$ gleich dem der Dichte in $\mathrm{g/cm^3}$. Die Differenz zwischen beiden Zahlenwerten bei abweichender Erdbeschleunigung ist für die praktische Meßtechnik bedeutungslos. Sie wird außerdem beim empirischen Einmessen der Meßgeräte von selbst berücksichtigt. So können Geräte, mit deren Hilfe primär die Wichte bestimmt wird, unmittelbar in Dichteeinheiten graduiert und mit gutem Recht als Dichtemeßgeräte bezeichnet werden.

Schließlich sei noch auf den Begriff *Stoffdichte* hingewiesen, der besonders in der Papierfabrikation gebräuchlich ist. Hierbei handelt es sich um ein Maß für die Konsistenz des Papierbreies, die z. B. von der Konzentration des Holzschliffs im Wasser abhängt. Auch wenn abkürzend manchmal von „Dichte“ gesprochen wird, handelt es sich nicht um die Größe $\varrho = m/V$. Da Wasser und Feststoff sehr ähnliche Dichten haben, kann — vor allem angesichts der Dichteschwankungen zwischen verschiedenen Holzarten — die Größe ϱ nur in Ausnahmefällen ein Maß für die Stoffdichte sein. Die Methoden der Stoffdichtemessung gehören also eher zu den Viskositäts- als zu den Dichtemeßverfahren [RA 26] [31].

1.2. Maßeinheiten der Dichte

Es gibt nur wenige physikalische Größen, für die eine derartige Vielzahl von Maßeinheiten existiert wie für die Dichte, selbst wenn nur Flüssigkeitsdichten betrachtet werden. Nach der heute geltenden Auffassung kann als Maßeinheit für die Dichte jeder Quotient aus einer zulässigen Massen- und einer zulässigen Volumeneinheit benutzt werden. Bevorzugt werden g/cm³ und kg/l oder auch g/l. Bei sehr genauen Angaben ist zu berücksichtigen, daß 1 l = 1,000028 dm³ ist. So ergeben sich verschiedene Möglichkeiten für die Bildung zulässiger Dichtemaßeinheiten, von denen einige Beispiele in Tafel 1 zusammengestellt sind. Die Abweichung zwischen l und dm³ spielt bei den in der Praxis erreichbaren Meßgenauigkeiten keine Rolle [9].

In der angloamerikanischen Literatur existieren sowohl für die Masse als auch für das Volumen mehrere selbständige Einheiten. Daraus ergibt sich infolge der verschiedenen Kombinationsmöglichkeiten eine außerordentlich große Zahl von Dichtemaßeinheiten. Tafel 2 bringt eine Auswahl aus den möglichen Kombinationen. Sie zeigt, daß je nach der gewählten Einheit die unterschiedlichsten Zahlenwerte auftreten können. Schließlich ist noch darauf hinzuweisen, daß Dichteunterschiede (z. B. Meßbereiche) verschiedentlich in s. g. u. bzw. sp. gr. u. (spezific gravity units) angegeben werden. Darunter ist die Differenz zweier Dichtezahlen (vgl. S. 6) zu verstehen, die ja eine dimensionslose Zahl ist. Zahlenmäßig ist sie einer Angabe in g/cm³ gleich.

Doch damit nicht genug! Neben diesen Maßeinheiten, die stets als Quotient aus Massen- und Volumeneinheit gebildet werden, sind in der ausländischen und der älteren deutschsprachigen Literatur noch eine Reihe anderer Maßeinheiten zu finden. Ihnen liegen bestimmte Aräometer-Konstruktionen zugrunde. Diese sind für spezielle Einsatzgebiete bestimmt, weisen genau vorgeschriebene Abmessungen auf und sind dann nur in Grad geeicht. Daraus entstanden verschiedene Aräometerskalen, z. B. der in der Zuckerfabrikation benutzte Brixwert (°Bx) oder das in der amerikanischen Erdölindustrie verbreitete °A.P.I. (degree American Petroleum

Institute). In Tafel 3 sind die wichtigsten Aräometerskalen mit ihren Umrechnungsformeln zusammengestellt. Werden die Aräometergrade n in diese Formeln eingesetzt, so ergibt sich die Dichte ϱ in g/cm³. Außerdem gibt es noch Aräometer für spezielle Zwecke, die in Konzentrationseinheiten (Vol.-% oder Masse-%) graduiert sind, wie beispielsweise die Alkoholometer. Auch mit ihnen wird natürlich eine Dichtemessung durchgeführt, und man kann die Konzentrationsangaben in Dichtemaßeinheiten umrechnen.

Tafel 1

Einige gesetzliche Maßeinheiten für die Dichte

Einheit	Wert in g/cm³
1 mg/cm³	10^{-3}
1 mg/dm³	10^{-6}
1 g/mm³	10^{3}
1 g/cm³	1
1 g/dm³	10^{-3}
1 g/ml	0,99972
1 g/l	$0{,}99972 \cdot 10^{-3}$
1 kg/dm³	1
1 kg/l	0,99972
1 kg/m³	10^{-3}

Tafel 2

Umrechnungsfaktoren für die Angabe einiger angloamerikanischer Dichtemaßeinheiten in g/cm³

Masseeinheiten / Volumeneinheiten	ton	short ton	hundred weight	pound	ounce	grain
cubic yard	$1{,}3289_5$	1,187	0,06645	$0{,}59328 \cdot 10^{-3}$	—	—
bushel	27,936	24,944	1,3968	0,01247	—	—
cubic foot	$35{,}881_5$	32,037	1,7930	0,01602	$1{,}0012 \cdot 10^{-3}$	$2{,}2883 \cdot 10^{-6}$
gallon (Imp.)	$0{,}2235 \cdot 10^3$	$0{,}19958 \cdot 10^3$	11,175	0,09978	$6{,}236 \cdot 10^{-3}$	$14{,}2541 \cdot 10^{-6}$
cubic inch	—	—	—	27,6800*	1,7300	$3{,}954 \cdot 10^{-3}$

Beispiel: Aus dem mit * bezeichneten Feld ist zu entnehmen:

1 pound / cubic inch = 27,68 g/cm³.

Tafel 3

Umrechnung für verschiedene Aräometergrade n in Dichtewerte ϱ (in g/cm³)

Lfd. Nr.	Name der Aräometerskala	$\varrho > 1$ g/cm³	$\varrho < 1$ g/cm³	Bezugstemperatur °C
1	Baumé (rationell)	$\varrho = \frac{144{,}30}{144{,}30 - n}$	$\varrho = \frac{144{,}30}{144{,}30 + n}$	15
2	Baumé (ältere Skala)	$\varrho = \frac{146{,}78}{146{,}78 - n}$	$\varrho = \frac{146{,}78}{146{,}78 + n}$	17,5
3	Baumé (amerikan.)	$\varrho = \frac{145}{145 - n}$	$\varrho = \frac{145}{145 + n}$	15,56
4	Baumé (holländ.)	$\varrho = \frac{144}{144 - n}$	$\varrho = \frac{144}{144 + n}$	12,5
5	Balling	$\varrho = \frac{200}{200 - n}$	$\varrho = \frac{200}{200 + n}$	17,5
6	Beck	$\varrho = \frac{170}{170 - n}$	$\varrho = \frac{170}{170 + n}$	12,5
7	Brix-Fischer (°Bx)	$\varrho = \frac{400}{400 - n}$	$\varrho = \frac{400}{400 + n}$	15,63
8	Cartier	$\varrho = \frac{136{,}8}{126{,}1 - n}$	$\varrho = \frac{136{,}8}{126{,}1 + n}$	12,5
9	Stoppani	$\varrho = \frac{166}{166 - n}$	$\varrho = \frac{166}{166 + n}$	15,63
10	degree Amer. Petr. Inst. (°A.P.I.)	—	$\varrho = \frac{141{,}5}{131{,}5 + n}$	15,56

2. Aufgaben der kontinuierlichen Flüssigkeitsdichtemessung

2.1. Meßgröße oder Aufgabengröße?

Die Flüssigkeitsdichte ist eine Meßgröße, die im kontinuierlichen Produktionsprozeß praktisch nie interessiert. Diese Behauptung mag zunächst etwas seltsam klingen; sie wirft aber eine wichtige Frage auf: Welche Größe muß gemessen werden? Es sind nämlich *Aufgabengröße* und *Meßgröße* sorgfältig zu unterscheiden [RA 54].

Die *Aufgabengröße* ist die physikalische Größe, die zur Lösung einer bestimmten Aufgabe benötigt wird und die demzufolge Anlaß für die Einrichtung einer Meßstelle ist. Die Größe, die dann tatsächlich gemessen wird, ist die *Meßgröße.* Wird beispielsweise an einer Normblende ein Differenzdruck Δp gemessen, so ist der Durchfluß $\dot{V}$ die Aufgabengröße, Δp die Meßgröße.

Im kontinuierlichen Produktionsprozeß ist die Dichte fast durchweg nur Meßgröße, die ermittelt wird, weil die eigentliche Aufgabengröße gar nicht oder nur mit größerem Aufwand bestimmt werden kann. Das gilt gleichermaßen für die meisten anderen physikalischen Analysenmethoden. Auch die Leitfähigkeit oder die optische Brechzahl einer Flüssigkeit sind im allgemeinen uninteressant und werden meist nur gemessen, um daraus auf die stoffliche Zusammensetzung zu schließen. Im folgenden werden die wichtigsten Aufgabengrößen für die kontinuierliche Flüssigkeitsdichtemessung kurz zusammengestellt.

2.2. Konzentrationsbestimmungen in Zweistoffsystemen

Ein Zweistoffsystem, dessen Komponenten die bekannten Dichten ϱ_1 und ϱ_2 haben, hat eine zwischen diesen Werten liegende mittlere Dichte $\bar{\varrho}$. Diese ist, sofern bei der Herstellung des Zweistoffsystems aus den Komponenten keine zusätzlichen Vorgänge (beispielsweise Volumenkontraktionen) auftreten, aus den Dichten ϱ_1 und ϱ_2 zu berechnen. Enthält die Mischung C_1 Volumenanteile der ersten Komponente, so ist

$$\bar{\varrho} = C_1 \varrho_1 + (1 - C_1) \varrho_2 . \tag{1}$$

Folglich genügt es, $\bar{\varrho}$ zu messen, um die Konzentration zu ermitteln:

$$C_1 = \frac{\bar{\varrho} - \varrho_2}{\varrho_1 - \varrho_2} . \tag{2}$$

Bei einem dreikomponentigen System muß entweder die Konzentration einer Komponente bekannt sein, oder die Dichten der nicht interessierenden Komponenten müssen gleich sein. Ist die Konzentration C_3 bekannt, so kann wiederum aus der mittleren Dichte $\bar{\varrho}$ die gesuchte Volumenkonzentration C_1 zu

$$C_1 = \frac{(\bar{\varrho} - \varrho_2) + C_3 (\varrho_2 - \varrho_3)}{\varrho_1 - \varrho_2} \tag{3}$$

bestimmt werden. Sind jedoch ϱ_2 und ϱ_3 gleich, so gilt für die Bestimmung von C_1 wieder Gl. (2). Bei mehr als drei Komponenten ist eine Messung der mittleren Dichte zur Konzentrationsbestimmung kaum mehr anwendbar. Die einschränkende Annahme, daß beispielsweise keine Volumenkontraktion auftritt, ist nur zur Ableitung der Formeln erforderlich.

Ist das Gesamtvolumen V kleiner als die Summe der Einzelvolumina $V_1 + V_2$, so ist mit $\varrho_1 = m_1/V_1$ und $\varrho_2 = m_2/V_2$

$$\bar{\varrho} > \frac{m_1 + m_2}{V_1 + V_2}. \tag{4}$$

Anstelle von Gl. (2) gilt dann für die Konzentration

$$C_1 < \frac{\bar{\varrho} - \varrho_2}{\varrho_1 - \varrho_2}. \tag{5}$$

Daraus darf aber nicht geschlossen werden, daß sich C_1 nicht aus $\bar{\varrho}$ ermitteln läßt, sondern es besagt nur, daß C_1 nicht nach Gl. 2 berechnet werden kann, sondern die statische Kennlinie $C_1 = f(\bar{\varrho})$ experimentell aufgenommen werden muß. Beim empirischen Einmessen der Geräte wird die Abweichung von Gl. (2) von selbst berücksichtigt.

Es ist noch darauf hinzuweisen, daß die obigen Gleichungen nur für die Volumenkonzentration C gültig sind. Wird die Konzentration in Massenanteilen c angegeben, erhält man andere Beziehungen. Unter der Voraussetzung, daß $V_1 + V_2 = V$ und $m_1 + m_2 = m$ ist, ergibt sich mit $V_1 = m_1/\varrho_1$ und $V_2 = m_2/\varrho_2$ für die mittlere Dichte

$$\bar{\varrho} = \frac{m}{m_1/\varrho_1 + m_2/\varrho_2}.$$

Ist c_1 der Massenanteil der ersten Komponente, so folgt daraus

$$\bar{\varrho} = \frac{m}{m \cdot c_1/\varrho_1 + m(1 - c_1)/\varrho_2} = \frac{\varrho_1 \cdot \varrho_2}{c_1 \varrho_2 + (1 - c_1)\varrho_1}. \tag{6}$$

Für die Abhängigkeit der Konzentration von der mittleren Dichte gilt also die Beziehung

$$c_1 = \frac{\bar{\varrho} - \varrho_2}{\varrho_1 - \varrho_2} \cdot \frac{\varrho_1}{\bar{\varrho}}. \tag{7}$$

Bild 1 zeigt den Unterschied in der Abhängigkeit der mittleren Dichte von der Konzentration bei Benutzung der beiden verschiedenen Konzentrationsangaben.

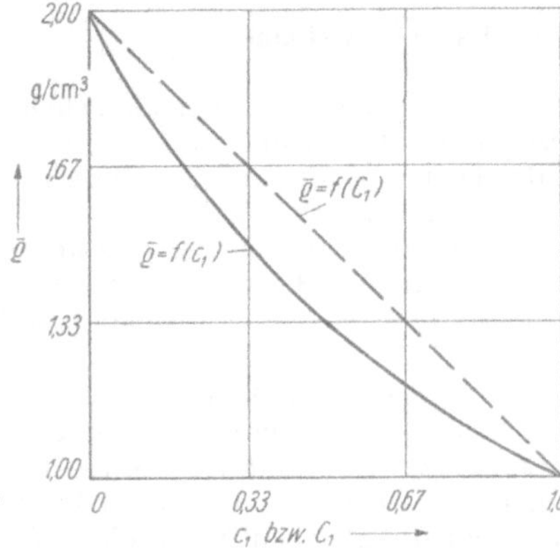

Bild 1. Die mittlere Dichte $\bar{\varrho}$ eines Stoffgemisches aus zwei Komponenten mit den Dichten $\varrho_1 = 1{,}0$ g/cm³ und $\varrho_2 = 2{,}0$ g/cm³ in Abhängigkeit von der Konzentration der leichteren Komponente in Volumenanteilen C_1 (nach Gl. 1; gestrichelt) und in Masseanteilen c_1 (nach Gl. 6; ausgezogene Kurve)

Gl. (7) wird vor allem bei der Bestimmung von Feststoffgehalten in Aufschwemmungen und Suspensionen benutzt. So enthält beispielsweise ein Sand/Wasser-Gemisch der mittleren Dichte $\bar{\varrho}$, bei dem $\varrho_1 = \varrho_S$ die Reindichte des Sandes und $\varrho_2 = \varrho_W$ die Dichte des Wassers ist,

$$c = \frac{\bar{\varrho} - \varrho_W}{\varrho_S - \varrho_W} \cdot \frac{\varrho_S}{\bar{\varrho}} \cdot 100 \qquad \text{Masse-\% Sand.} \tag{8}$$

Vielfach wird anstelle der Feststoffkonzentration auch das *Feststoff/Wasser-Verhältnis* $K_{F/W}$ benutzt. Für diesen Quotienten läßt sich aus Gl. (7) die Formel

$$K_{F/W} = \frac{c_1}{1 - c_1} = \frac{\bar{\varrho} - \varrho_2}{\varrho_1 - \bar{\varrho}} \cdot \frac{\varrho_1}{\varrho_2} \tag{9}$$

ableiten. Bei einem Sand/Wasser-Gemisch ergibt sich folglich für die Abhängigkeit des Quotienten $K_{S/W}$ von der mittleren Dichte $\bar{\varrho}$ der Ausdruck

$$K_{S/W} = \frac{\bar{\varrho} - 1}{1 - \bar{\varrho}/\varrho_S}. \tag{10}$$

(Alle Dichten in g/cm³; $\varrho_W = 1{,}0$ g/cm³.) Wie die Formeln zeigen, ist es für jede Konzentrationsbestimmung über $\bar{\varrho}$ Voraussetzung, daß sich ϱ_1 und ϱ_2 unterscheiden. Die Empfindlichkeit der Konzentrationsbestimmung ist um so höher, je größer die Differenz $\varrho_1 - \varrho_2$ ist. So ist beispielsweise die oben erwähnte Tatsache, daß bei der wäßrigen Holzschliffaufschwemmung in der Papierfabrikation $\varrho_1 - \varrho_2 \rightarrow 0$ geht, der Grund dafür, daß die Stoffdichte nicht über eine Dichtemessung bestimmt werden kann.

2.3. Die Dichte als Maß für andere physikalische Größen

Die Dichte einer Flüssigkeit steht häufig mit anderen physikalischen Größen in einem gesetzmäßigen Zusammenhang. Das liegt im allgemeinen daran, daß die betreffende Größe und die Dichte beide von der Konzentration einer Komponente abhängen. Ist die andere physikalische Größe der Messung schwerer zugänglich als die Dichte, so ist es unter Umständen günstig, sie über eine Dichtemessung zu erfassen. Als Beispiel sei hier die Viskosität genannt. Weitere Größen, für die diese Möglichkeit gleichfalls besteht, werden im Abschn. 3.5. aufgeführt.

In der chemischen Verfahrenstechnik gibt es gelegentlich Meßprobleme dieser Art, z. B. bei der Bestimmung der Endpunkte von Reaktionen. Vorzeitiges Abbrechen einer Reaktion führt zu Endprodukten mit unerwünschten Eigenschaften oder verringert die Ausbeute. Wenn bei Prozessen, die zu lange ausgedehnt werden, nicht die gleichen Nachteile auftreten, so werden doch zumindest die Durchsätze verringert und damit die Grundmittel schlechter genutzt.

Die Möglichkeiten zur Bestimmung des Endpunktes einer Reaktion hängen von den jeweiligen spezifischen Bedingungen ab. Ist dieser Endpunkt beispielsweise durch eine bestimmte Viskosität charakterisiert, so lohnt sich eine Prüfung, ob der Verlauf der Dichteänderung nicht mit der Änderung der Viskosität parallel geht und man durch eine kontinuierliche Dichtemessung leichter ans Ziel kommt. Polymerisationsprozesse, die in diskontinuierlich arbeitenden Reaktoren ablaufen, sind ein typisches Beispiel mit Meßproblemen dieser Art. Hier ist das Erreichen eines bestimmten Umsatzes oft nur schwer oder gar nicht durch eine kontinuierliche Messung zu ermitteln. Als Meßgröße dient vielfach die Viskosität, die mit zunehmender Konzentration des Polymerisates im Reaktor ebenfalls größer wird. Läßt sich jedoch die Viskosität unter den vorliegenden Betriebsbedingungen nicht messen, so kann auch die Dichte als Meßgröße in Erwägung gezogen werden (vgl. Bild 3 und S. 85).

Die hier skizzierten Meßaufgaben lassen sich jedoch von den im vorigen Abschnitt behandelten nicht trennen. Handelt es sich beispielsweise um die Überwachung eines Eindampfvorganges, so kann das Erreichen des vorgeschriebenen Endpunktes durch eine Dichtemessung festgestellt werden. Dies ist jedoch eindeutig ein Konzentrationsmeßproblem, während im Fall der Polymerisationsreaktion die Dichtemessung als indirektes Meßverfahren für die Viskosität aufgefaßt werden kann. Entscheidend ist es also, die Aufgabengröße richtig zu erkennen, damit alle Lösungsmöglichkeiten in Betracht gezogen werden können.

2.4. Unterscheidung von Flüssigkeiten auf Grund unterschiedlicher Dichten

Es kommt im Bereich der chemischen Industrie gelegentlich vor, daß sich zwei fluide Substanzen mit deutlicher waagerechter Schichtung in einem Behälter befinden, z. B. bei heterogenen Systemen, wie Flüssigkeit/Schaum. Wenn die Lage der Grenzschicht ermittelt werden muß, so kommt dafür sowohl die Dichtemessung als auch die Füllstandsmessung in Frage. Bei manchen meßtechnischen Lösungen ist nicht ohne weiteres zu entscheiden, ob sie besser als Dichte- oder als Füllstandsmessung bezeichnet werden.

Ganz ähnlich liegt das Meßproblem auch bei der Mehrfachausnutzung von Rohrleitungen, besonders beim Erdöltransport. Hierbei muß ermittelt werden, wann die Grenzschicht bzw. das Mischungsvolumen die Kontrollstelle passiert, damit die nächste Fraktion in einen anderen Behälter geleitet werden kann. Meßtechnisch gesehen handelt es sich dabei um die Erfassung eines mehr oder weniger steilen Dichteanstiegs oder -abfalls. Der Absolutwert der Dichte interessiert dabei fast nie, da im allgemeinen bekannt ist, welche Fraktion zu erwarten ist.

2.5. Bestimmung des Massendurchflusses aus Volumendurchfluß und Dichte

Mengenmessungen spielen in der chemischen Industrie eine außerordentlich große Rolle. Keine Verkaufshandlung, keine Bilanz und keine ordnungsgemäße Betriebsführung ist ohne exakte Mengenmessungen möglich. In vielen Fällen werden hierfür die Angaben in Masseneinheiten benötigt. Dabei ist es — besonders bei Flüssigkeiten — oft vorteilhafter, anstelle einer Wägung eine Volumenbestimmung und eine Dichtemessung vorzunehmen: $m = V \cdot \varrho$. Dies gilt besonders für kontinuierliche Messungen. Die meisten Durchflußmeßgeräte geben den Volumendurchfluß $\dot{V}$ an. Wird gleichzeitig die Flüssigkeitsdichte kontinuierlich gemessen, so kann durch eine geeignete Recheneinrichtung der Massendurchfluß oder Massendurchsatz $\dot{m}$ zu

$$\dot{m} = \varrho \cdot \dot{V} \qquad (11)$$

ermittelt werden. Bei Dichten, die nur in engen Grenzen schwanken, können die Volumendurchflußmesser auch gleich in Maßeinheiten von $\dot{m}$ (z. B. in kg/h) geeicht werden, wobei dann die Dichte die Rolle einer Korrekturgröße spielt.

Wird die Dichte als eine der beiden Meßgrößen für die Aufgabengröße „Massendurchfluß“ benutzt, so muß in jedem Fall der Absolutwert der Dichte bestimmt werden. Bei den vorhergehenden Meßaufgaben genügt es dagegen meistens, Dichte*änderungen* zu erfassen. Auch bei der Konzentrationsmessung kommt es meistens auf die Konstanthaltung einer bestimmten Konzentration und damit auf den Nachweis von Änderungen der Dichte an. Dieser Unterschied ist bei der Formulierung der Aufgabenstellung sorgfältig zu beachten; denn der meßtechnische Aufwand ist bei sonst gleichen Empfindlichkeits- und Genauigkeitsforderungen im allgemeinen kleiner, wenn anstelle des Absolutwertes nur Abweichungen gemessen zu werden brauchen.

2.6. Aufgabenstellung und Genauigkeitsforderungen

* Die Frage, welche Aufgabengröße vorliegt, wenn in einem bestimmten Fall die Dichte als Meßgröße benutzt werden soll, hat keineswegs nur theoretische Bedeutung. Von der jeweiligen Aufgabengröße hängt auch die Antwort auf die sehr wichtige praktische Frage ab, welche Genauigkeitsforderungen vernünftigerweise gestellt werden können oder müssen. Es ist für den Meßtechniker sehr unbefriedigend, wenn bei einer Aufgabenstellung gefordert wird, die Größe soll „so genau wie möglich" gemessen werden. Der Auftraggeber übersieht dabei, daß hohe Meßgenauigkeit Geld kostet, Geld, daß evtl. grundlos ausgegeben wird. Allgemein formuliert kann die Genauigkeitsforderung nur lauten: „wenn möglich, so genau wie nötig". Das heißt, wenn es mit dem für die Lösung eines bestimmten Meßproblems vertretbaren Aufwand *möglich* ist, dann muß versucht werden, die für das Problem *notwendige* Genauigkeit zu erreichen. Welche Genauigkeit notwendig ist, kann jedoch nur auf Grund einer Kenntnis der Aufgabengröße entschieden werden.

Ist beim Einsatz eines bestimmten Dichtemeßgerätes die Konzentration C_1 der einen Komponente eines Zweistoffsystems die Aufgabengröße, so hängt es natürlich vom speziellen Prozeß ab, wie genau man diese Konzentration wissen muß oder möchte. Dies ist aber nicht allein ausschlaggebend. Wie Gl. (2) zeigt, hängt C_1 außer von der Meßgröße $\bar{\varrho}$ auch noch von den Größen ϱ_1 und ϱ_2 ab. Nur wenn diese zeitlich konstant (und bei der Absolutwertmessung auch genau bekannt) sind, wird der Fehler, mit dem die Aufgabengröße C_1 ermittelt wird, ausschließlich vom Meßfehler in $\bar{\varrho}$ bestimmt. Sind jedoch, wie es normalerweise der Fall ist, die Dichten ϱ_1 und ϱ_2 ebenfalls mit Fehlern behaftet, so gehen auch diese in den Fehler von C_1 ein, und es hängt dann von der Größe der Fehler $\delta\varrho_1$ und $\delta\varrho_2$ ab, ob evtl. ein Fehler in $\bar{\varrho}$ gegenüber diesen Fehlern vernachlässigbar ist.

Als Beispiel sei die Bestimmung der Sandkonzentration c in einem Sand/Wasser-Gemisch nach Gl. (8) betrachtet. Dabei möge die mittlere Reindichte des Sandes zwischen 2,6 g/cm³ und 2,8 g/cm³ schwanken. In Gl. (8) ist also für ϱ_S der Wert (2,7 ± 0,1) g/cm³ einzusetzen. Der Fehler in c setzt sich nach dem bekannten Fehlerfortpflanzungsgesetz aus dem Fehler der mittleren Dichte $\delta\bar{\varrho}$ und dem der Sanddichte $\delta\varrho_S$ zusammen.

$$\delta c = \sqrt{(\delta\bar{\varrho})^2\left(\frac{\partial c}{\partial\bar{\varrho}}\right)^2 + (\delta\varrho_S)^2\left(\frac{\partial c}{\partial\varrho_S}\right)^2}$$

$$= \sqrt{(\delta\bar{\varrho})^2\left(\frac{c\varrho_W}{\bar{\varrho}(\bar{\varrho}-\varrho_W)}\right)^2 + (\delta\varrho_S)^2\left(\frac{-c\varrho_W}{\varrho_S(\varrho_S-\varrho_W)}\right)^2}$$

$$= c\sqrt{\left(\frac{\varrho_W\,\delta\bar{\varrho}}{\bar{\varrho}(\bar{\varrho}-\varrho_W)}\right)^2 + \left(\frac{\varrho_W\,\delta\varrho_S}{\varrho_S(\varrho_S-\varrho_W)}\right)^2}.$$

Nach Einsetzen des Wertes für ϱ_S und der Wasserdichte $\varrho_W = 1{,}0\ \mathrm{g/cm^3}$ ergibt das (wenn alle Dichten in $\mathrm{g/cm^3}$ eingesetzt werden):

$$\delta c = c\sqrt{\left(\frac{\delta\bar{\varrho}}{\bar{\varrho}} \cdot \frac{1}{\bar{\varrho}-1}\right)^2 + 0{,}000476}\,. \qquad (12)$$

Bei einem aus mehreren Summanden zusammengesetzten Fehler ist ein Anteil (Summand) mit Sicherheit immer dann zu vernachlässigen, wenn er mindestens eine Größenordnung kleiner ist als die Summe der anderen Anteile. Das bedeutet hier, wenn

$$\left(\frac{\delta\bar{\varrho}}{\bar{\varrho}} \cdot \frac{1}{\bar{\varrho}-1}\right)^2 \leqq 0{,}000048$$

ist, kann $\delta\bar{\varrho}$ unberücksichtigt bleiben. Es muß also

$$\delta\bar{\varrho} \leqq 0{,}007\ \varrho\ (\varrho - 1)$$

sein. Bild 2 zeigt, wie groß $\delta\bar{\varrho}$ nach dieser Forderung für verschiedene Meßwerte $\bar{\varrho}$ maximal sein darf. Für $\bar{\varrho} = 1{,}8\ \mathrm{g/cm^3}$ ergibt sich also, daß bereits ein Fehler von $\delta\bar{\varrho} \approx 0{,}01\ \mathrm{g/cm^3}$ als vernachlässigbar anzusehen ist.

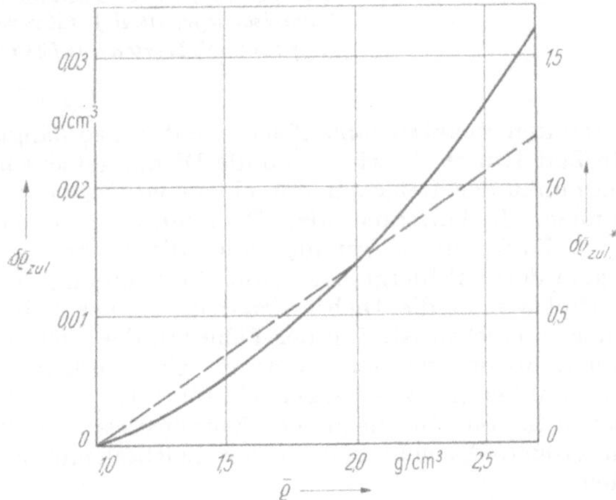

Bild 2. Die oberen Grenzen der für die mittlere Dichte $\bar{\varrho}$ eines Sand/Wasser-Gemisches zulässigen Fehler $\delta\bar{\varrho}$ zul, die gegenüber einem Fehler in der Sanddichte $\delta\varrho_S = \pm\ 0{,}1\ g/cm^3$ vernachlässigbar sind, in Abhängigkeit von $\bar{\varrho}$, und zwar als absolute Fehler $\delta\bar{\varrho}$ zul (ausgezogene Kurve) und als relative Fehler $\delta\bar{\varrho}$ zul in % (gestrichelt). ($\varrho_W = 1{,}0\ g/cm^3$; $\varrho_S = (2{,}7 \pm 0{,}1)\ g/cm^3$)*

Der Fehler in c vergrößert sich dabei nur auf 2,3% gegenüber 2,2% für den Fall $\delta\bar{\varrho} \to 0$. Normalerweise ist aber schon die Fehlerangabe in ϱ_S mit $\pm\ 0{,}1\ \mathrm{g/cm^3}$ nur eine grobe Schätzung, so daß es gar nicht sinnvoll ist, den Fehler in c bis auf zehntel Prozent anzugeben. Es könnte also $\delta\bar{\varrho}$ sicher noch etwas größer sein, ohne ins Gewicht zu fallen.

Dieses Beispiel zeigt deutlich, daß der Fehler, mit dem eine Aufgabengröße (hier c) bestimmt werden kann, keineswegs nur vom Fehler in der Meßgröße (hier $\bar{\varrho}$) abhängt. Erst wenn alle Einflüsse auf den Aufgabengrößenfehler bekannt sind, läßt sich demnach eine sinnvolle Genauigkeitsforderung für die Meßgröße festlegen.

Soll im nächsten Beispiel mit Hilfe einer Dichtemessung das Erreichen eines bestimmten Zustandes kontrolliert werden (Abschn. 2.3.), so sehen die Überlegungen bezüglich einer vernünftigen Genauigkeitsforderung ganz anders aus. Angenommen, es soll über die Dichte kontrolliert werden,

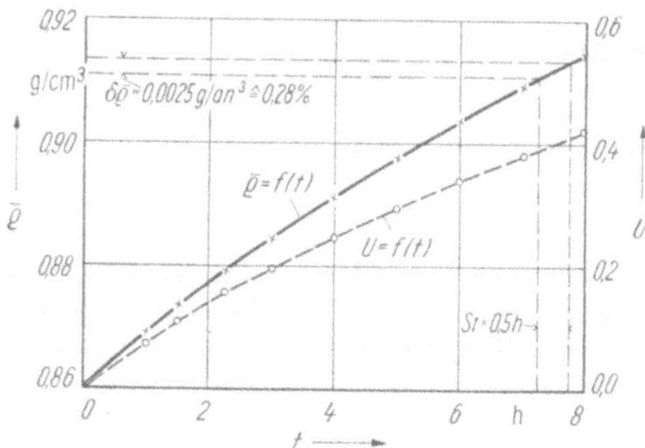

Bild 3. Abhängigkeit des Umsatzes U (= Masseanteil an Polymerisat) und der mittleren Dichte $\bar{\varrho}$ (Styrol + Polystyrol) in Abhängigkeit von der Zeit t bei der Polystyrolherstellung. (Temperatur: 70 °C; Initiator: Azobisisobutyronitril.) (Kurve $\bar{\varrho} = f(t)$ nach Werten aus [28])

wann das Ende eines bestimmten Reaktionsablaufes erreicht ist, so hängt es vom Verlauf der Dichte/Zeit-Kurve ab, wie genau die Dichte gemessen werden muß, um den Endpunkt der Reaktion mit einem vorgegebenen Fehler bestimmen zu können. Je langsamer der Dichteanstieg in der Nähe dieses Endpunktes verläuft, um so genauer muß die Dichte gemessen werden, um eine geforderte Fehlergrenze in der Bestimmung des Endpunktes einzuhalten. Bild 3 zeigt die Dichte/Zeit-Kurve einer Polymerisationsreaktion, aus der zu ersehen ist, daß der Fehler in der Dichtemessung $\delta\bar{\varrho} = \pm\, 0{,}15\,\%$ nicht übersteigen darf, wenn die Unsicherheit in der Bestimmung des Endpunktes (z. B. 40%iger Umsatz) $t_E = 7{,}5$ h maximal $\delta t = \pm\, 0{,}25$ h betragen soll. Bei flacherem Kurvenverlauf muß gegebenenfalls eine noch größere Unsicherheit in der Zeitbestimmung in Kauf genommen werden.

Bei dieser Art von Aufgabengrößen läßt sich auch nicht allgemein angeben, ob eine Absolutwertangabe gefordert werden muß oder nicht. In vielen Fällen genügt die Feststellung, daß die Dichte sich nicht mehr ändert, um daraus schließen zu können, daß ein bestimmter Vorgang beendet ist.

Bei der nächsten Meßaufgabe, wenn die Dichtemessung dazu dienen soll, zwei Flüssigkeiten voneinander zu unterscheiden (Abschn. 2.4.), ist es im allgemeinen leicht, zu begründeten Genauigkeitsforderungen zu kommen. Hier ist der Dichteunterschied $\Delta\varrho$ ausschlaggebend für die Meßgenauigkeit, die zur sicheren Unterscheidung erforderlich ist. Der Fehler braucht hier nur so klein zu sein, daß $\Delta\varrho$ noch mit Sicherheit nachgewiesen werden kann. Außerdem darf die Zeitkonstante des Meßgerätes nicht zu klein gewählt werden, um nicht bei zufälligen Dichteschwankungen Fehlauslösungen zu riskieren. Wenn z. B. $\Delta\varrho \approx 0{,}035$ g/cm³ ist und der Sortenwechsel nur 55 Minuten dauert (vgl. Bild 68), dann können bereits mit einem Dichtemeßgerät, dessen Fehlergrenze $\pm$ 1% beträgt, die beiden Flüssigkeiten einwandfrei unterschieden werden.

Ist schließlich der Massendurchfluß $\dot{m}$ für das betrachtete Meßproblem die Aufgabengröße, so ist bei Festlegung der max. zulässigen Fehler der Dichtemessung wieder zu berücksichtigen, daß sich $\delta\dot{m}$ aus $\delta\dot{V}$ und $\delta\varrho$ zusammensetzt. An sich sind gerade bei diesen Meßaufgaben die Genauigkeitsforderungen sehr hoch, weil bei den heute üblichen Durchsätzen ein Fehler in $\dot{m}$ von $\pm$ 1% schon ein tägliches Defizit von mehreren Tonnen in der Abrechnung verursachen kann. Hier muß also in Analogie zur Konzentrationsmessung gefordert werden, daß $\delta\varrho$ den durch $\delta\dot{V}$ verursachten Fehler in $\dot{m}$ nicht vergrößert.

Ähnlich wie es für die Konzentration als Aufgabengröße gezeigt wurde, folgt hier aus dem Fehlerfortpflanzungsgesetz, daß

$$\left(\frac{\delta\varrho}{\varrho}\right)^2 \leqq 0{,}1\left(\frac{\delta\dot{V}}{\dot{V}}\right)^2$$

sein muß, wenn $\delta\varrho$ vernachlässigbar sein soll. Wird ein Volumenzähler mit einem Fehler von $\pm$ 1% für die Messung des Volumendurchflusses eingesetzt, so ist es sinnlos, für das Dichtemeßgerät einen Fehler unter $\pm$ 0,3% zu fordern.

(Für Aufgabengrößen x, die sich als Produkt oder Quotient zweier Meßgrößen x_1 und x_2 ergeben, lautet die Bedingung, daß der Fehler in x_1 gegenüber dem in x_2 vernachlässigt werden kann, ganz allgemein *

$$\delta x_1^* \leqq 0{,}316\,\delta x_2^*\,, \tag{13}$$

wobei unter $\delta x_{1,2}^* = \dfrac{\delta x_{1,2}}{x_{1,2}} \cdot 100$ die relativen Fehler in % zu verstehen sind.)

Diese Beispiele haben gezeigt, daß es nur bei Kenntnis der gesamten Meßaufgabe und der Meßbedingungen möglich ist, zu vernünftigen Forderungen bezüglich der anzustrebenden Meßgenauigkeiten zu kommen. Erst nach Klärung dieser Frage kann aus den zur Verfügung stehenden Meßverfahren sachkundig das geeignete ausgewählt werden. *

3. Meßverfahren der Flüssigkeitsdichtemessung

3.1. Wägemethoden

Es gibt mehrere, grundsätzlich verschiedene Methoden zur Messung der Dichte. Von der Definition $\varrho = m/V$ ausgehend, ist es naheliegend, Masse und Volumen des Prüflings zu bestimmen und daraus die Dichte zu errechnen. Bei Flüssigkeiten wird die Aufgabe dadurch vereinfacht, daß mit Hilfe geeichter Gefäße ein definiertes Volumen vorgegeben werden kann, so daß sich der Meßvorgang auf die Wägung reduziert. Im Labor dient dazu das bekannte Pyknometer. Für ein kontinuierlich arbeitendes Verfahren muß ein Gefäß mit konstantem Volumen vom Meßgut durchströmt und das Gefäß kontinuierlich gewogen werden. Dazu sind zwei Aufgaben zu lösen: Das Meßgefäß muß einen kontinuierlichen Zu- und Abfluß des Meßgutes ermöglichen und dabei trotzdem weitgehend beweglich sein; zum anderen ist die Wägung kontinuierlich zu gestalten.

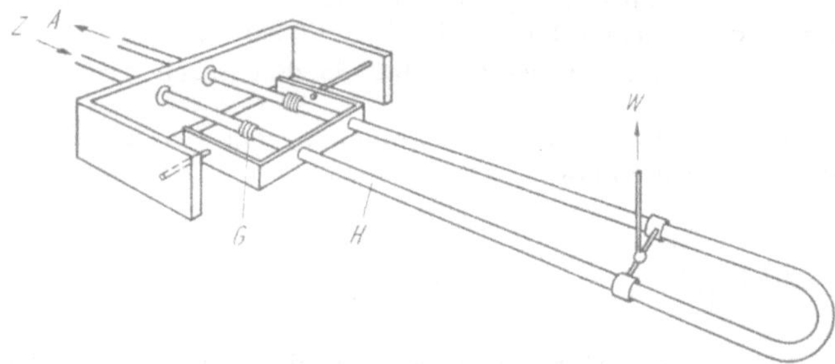

Bild 4. Kontinuierliche Wägung eines definierten Flüssigkeitsvolumens in einem „Haarnadelrohr" H, das in den Gelenken G drehbar ist
Z Zufluß, A Abfluß, W zum Wägemechanismus

Das Problem des Meßgefäßes ist auf verschiedene Weise lösbar. Meistens wird ein U-förmiges Rohr, ein sogenanntes „Haarnadelrohr", benutzt, das an seinen offenen Enden drehbar gelagert ist (Bild 4). Das andere Ende des Meßrohres hängt an der Wägevorrichtung. Es ist klar, daß ein Teil der Last über die Verbindungsstücke auf die Meßgutleitung übertragen wird. Folglich ist eine Flüssigkeitsdichteänderung $\Delta\varrho$ nicht einfach als Quotient aus der Flüssigkeitsmassenänderung und dem bekannten Meßrohrvolumen zu berechnen. Trotzdem besteht ein eindeutiger Zusammenhang zwischen der Kraft F_G, die auf den Wägemechanismus übertragen wird, und der Dichte $\varrho : F_G = f(\varrho)$. Ein neu konstruiertes Dichtemeßgerät mit Haarnadelrohr muß deshalb empirisch eingemessen werden.

Anstelle des Haarnadelrohres läßt sich auch ein gerades Rohrstück in eine Leitung einfügen und kontinuierlich wiegen, besonders gut am Ende einer Leitung (vgl. Bild 28). Eine andere Möglichkeit der Meßgefäßkonstruktion ist in Bild 5 schematisch dargestellt. Die Zu- und Abflußleitungen sind hier spiralförmig gebogene Rohre, die dem Meßgefäß in senkrechter Richtung die geforderte Beweglichkeit geben.

Von wenigen Ausnahmen abgesehen, bei denen nur eine grobe Orientierung über die Dichte angestrebt ist, wird das Meßgefäß mit Hilfe eines kraftkompensierenden Systems gewogen. Die kontinuierliche Wägung wurde in [RA 23] bereits ausführlich behandelt, so daß in diesem Zusammenhang darauf verwiesen werden kann. Ein Beispiel für eine gerätetechnische Lösung wird in Abschnitt 4.1. beschrieben.

Eine zweckmäßige Methode, Meßverfahren so darzustellen, daß unabhängig von speziellen gerätetechnischen Lösungen die prinzipielle Funktionsweise klar wird, sind die Signalflußpläne [RA 1] [RA 40] [RA 54]. Das ist die symbolische Darstellung des Signalflusses in einer Automatisierungseinrichtung durch Blöcke und Wirkungslinien in funktioneller Betrachtungsweise. Durch jeden Block, der als rechteckiges Kästchen zu zeichnen *

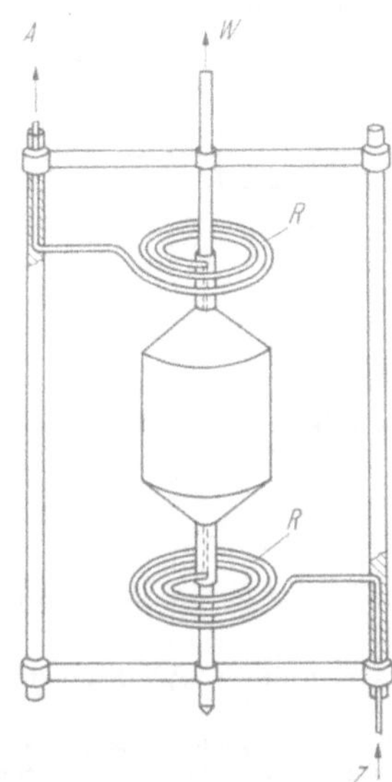

Bild 5. Meßgefäß mit spiralförmig gebogenen Rohren R für den Zufluß Z und Abfluß A des Meßgutes W zum Wägemechanismus

ist, wird ein Glied (Übertragungsglied) dargestellt. Jedes Glied besitzt mindestens einen Ein- und einen Ausgang (Bild 6a), und die Abhängigkeit des Ausgangssignals x_a vom Eingangssignal x_e wird durch das Übertragungsverhalten des Gliedes beschrieben. Dabei ist zu beachten, daß Signale Zeitfunktionen sind, daß es also $x_a(t)$ und $x_e(t)$ heißen müßte und die Zeitabhängigkeit (t) nur der Einfachheit halber weggelassen wird.

Ein Übertragungsglied braucht nicht mit einem Gerät oder einer Baugruppe identisch zu sein. Ändert sich beispielsweise eine Masse m, so wird dadurch stets auch eine Änderung der zum Erdmittelpunkt gerichteten Kraft (des Gewichtes) F_G verursacht, ohne daß dazu ein Gerät erforderlich wäre. Erst der Nachweis dieser Kraftänderung, z. B. durch die Auslenkung l einer Federwaage, erfordert ein Meßgerät (Bild 6b).

Die sich ändernden Größen werden an die Wirkungslinie geschrieben. An den Gliedern stehen die Übertragungsfaktoren, d. h. die Änderung des Ausgangssignals bezogen auf die sie verursachende Änderung des Eingangssignals. Bei linearer statischer Kennlinie ist das eine Konstante, im betrachteten Beispiel also die Erdbeschleunigung g:

$$g = \Delta F_G/\Delta m = F_G/m \,.$$

Wirkt sich die Änderung einer Größe auf mehrere andere aus, so läßt sich dies durch eine Verzweigungsstelle wiedergeben (Bild 6c), treten mehrere Größen additiv zu einer neuen zusammen, so wird eine Additionsstelle gezeichnet (Bild 6d). In der beschriebenen Form soll sich die Darstellung zunächst auf lineare Zusammenhänge beschränken. Nichtlineare Beziehungen können im Bedarfsfall durch Linearisierung im Arbeitspunkt in lineare überführt werden, oder es muß auf die Angabe quantitativer Zusammenhänge (Übertragungsfaktoren) verzichtet werden.

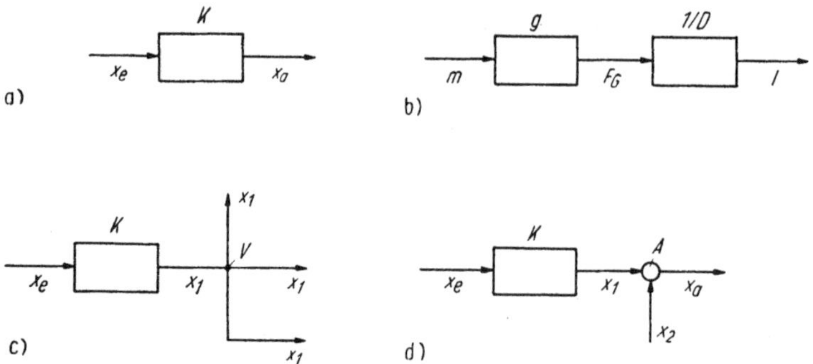

Bild 6. Prinzip der Darstellung von Wirkungsabläufen mit Hilfe von Signalflußplänen

a Übertragungsglied mit einer Eingangsgröße (x_e) und einer Ausgangsgröße (x_a), K Übertragungsfaktor

b Vereinfachter Signalflußplan einer Federwaage. m Änderung der anhängenden Last (Masse), g Erdbeschleunigung, F_G Gewichtsänderung, D Direktionskonstante (Federkonstante), l Längenänderung der Feder

c Darstellung einer Verzweigungsstelle V

d Darstellung einer Additionsstelle A: $x_a = x_1 + x_2$

Die beschriebene Wägemethode zur Dichtemessung läßt sich mit Hilfe eines Signalflußplanes so darstellen, wie es Bild 7 zeigt.[1]) Über das Volumen V des Meßgefäßes wird aus einer Dichteänderung ϱ eine Änderung der Masse m_{Fl} der Flüssigkeitsfüllung. Dies ist gleichbedeutend mit einer Änderung der Kraft F_G in senkrechter Richtung. Diese Kraftänderung wird mit Hilfe einer Waage nachgewiesen. Im ersten Fall (Bild 7a) ist ein Ausschlagverfahren dargestellt. Das kann beispielsweise dadurch realisiert sein, daß das Meßgefäß an einer Feder hängt, die bei Dichtezunahme zusätzlich gedehnt wird. Dann ist die Ausgangsgröße x_a eine Auslenkung der Feder, d. h. eine Änderung der Länge l.

Im zweiten Fall (Bild 7b) ist ein kraftkompensierendes Wägesystem angenommen. Im Gleichgewichtszustand ist F_G durch eine Kompensationskraft F_K kompensiert. Eine Vergrößerung von F_G bringt das System aus dem Gleichgewicht, und das dadurch erzeugte Signal bewirkt, daß auch

[1]) Dieser und die folgenden Signalflußpläne sind zur Hervorhebung des Wesentlichen teilweise vereinfacht. Insbesondere sind die Kräfte, die nur als Fehlerquellen wirksam werden, wie z. B. der dynamische Antrieb, grundsätzlich weggelassen.

die Kompensationskraft vergrößert wird, so daß sich eine neue Gleichgewichtslage einstellt. Es sei noch darauf hingewiesen, daß der Übertragungsfaktor K_v Integrationsterme enthält, da nur so aus einer Kraft ΔF ein Weg bzw. Winkel werden kann. Damit hängt auch zusammen, daß die Ausgangsgröße von Null verschieden ist, wenn das Wägesystem zur Ruhe gekommen, d. h. $\Delta F \to 0$ erreicht ist.

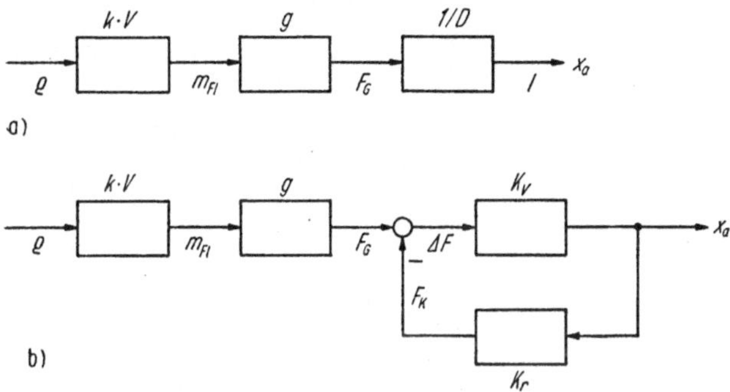

Bild 7. Signalflußplan eines Wägeverfahrens zur Dichtemessung

a Ausschlagverfahren
b Kompensationsverfahren
V Volumen des Meßgefäßes, *k* (< 1) Faktor, der angibt, welcher Teil der Last auf die Waage wirkt, *g* Erdbeschleunigung, K_v Übertragungsfaktor im Vorwärtszweig, K_r Übertragungsfaktor der Rückführung (restl. Buchstaben im Text)]

Wird nicht ein allgemeines Prinzip (Bild 7b), sondern ein konkretes Gerät beschrieben, lassen sich die auftretenden Größen und Übertragungsfaktoren explizit angeben, so daß durch den Signalflußplan der numerische Ausdruck für die statische Kennlinie wiedergegeben wird. Die Signalflußpläne werden so zu einem nützlichen Hilfsmittel, komplizierte Zusammenhänge bei komplexen Meßsystemen zu verdeutlichen. *

3.2. Ausnutzung des hydrostatischen Druckes zur Dichtemessung

Der Druck $p = F/A$ an einer bestimmten Stelle einer Flüssigkeit ist gegeben durch die Kraft F, die von der darüber befindlichen Flüssigkeitssäule auf die Fläche A ausgeübt wird. Diese Kraft F_G, das Gewicht der Flüssigkeitssäule mit der Höhe h und dem Querschnitt A, hängt von der Dichte ϱ der Flüssigkeit ab: $F_G = A\,h\,\varrho\,g$ (oder $F_G = A\,h\,\gamma$; vgl. S. 6). Wird für F_G jetzt Ap eingesetzt, so ergibt sich für die Dichte

$$\varrho = \frac{p}{h \cdot g} \tag{14}$$

(bzw. $\gamma = p/h$). Wenn die Höhe h der Flüssigkeitssäule bekannt und konstant ist, kann ϱ als eindeutige Funktion von p bestimmt werden.

Eine bekannte Methode zur Konstanthaltung von h ist die Verwendung eines Überlaufgefäßes (Bild 8). Es gibt einige Dichtemeßanordnungen, die von diesem Grundprinzip ausgehen. Der Nachteil liegt darin, daß Überlaufgefäße nicht ohne weiteres in geschlossene Systeme einzufügen sind, insbesondere wenn erhöhte Drücke auftreten.

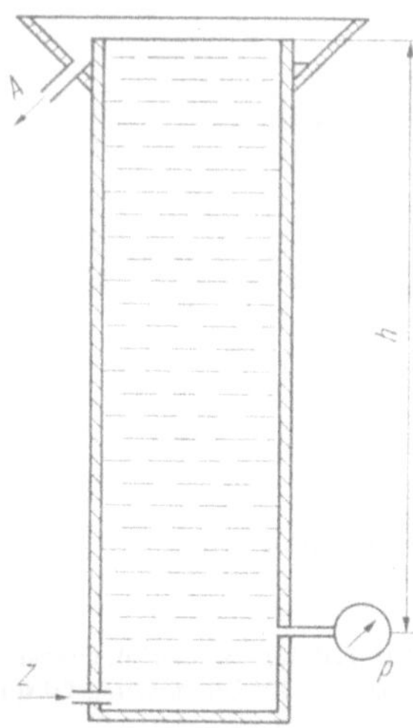

Bild 8. Dichtemessung über den Druck p (nach Gl. 14) bei konstanter Höhe h der Flüssigkeitssäule

A **Abfluß,** *Z* **Zufluß der Meßflüssigkeit**

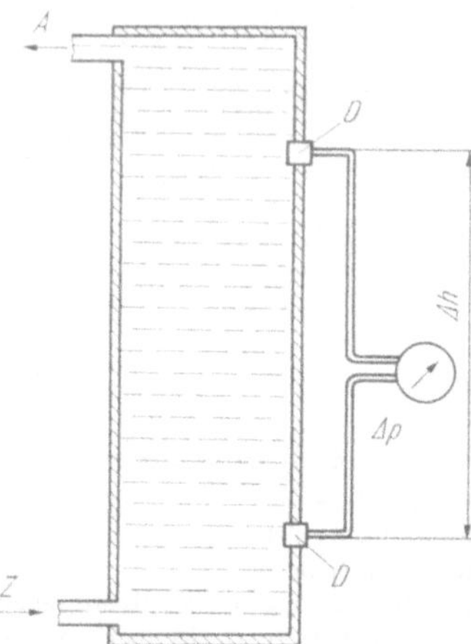

Bild 9. Dichtemessung über den Differenzdruck Δp (nach Gl. 15). Die Druckmeßfühler D sind im Abstand Δh angeordnet

A **Abfluß,** *Z* **Zufluß**

Auf ein Überlaufgefäß kann verzichtet werden, wenn zwei Druckmeßfühler in unterschiedlicher Höhe eingebaut werden (Bild 9). Dann ist in Gl. (14) anstelle des Gesamtdruckes p der Differenzdruck Δp und anstelle der Höhe h der senkrechte Abstand Δh zwischen den beiden Druckmeßfühlern einzusetzen:

$$\varrho = \frac{\Delta p}{\Delta h \cdot g} . \qquad (15)$$

Als Druckmeßfühler finden in den meisten Dichtemeßgeräten sogenannte „Perl-“ oder „Sprudelrohre“ Verwendung. Bei ihnen wird der Gasdruck gemessen, der notwendig ist, damit ein Gas — normalerweise Luft — aus den Rohren herausperlen kann. Dies ist der Flüssigkeitsdruck in der Tiefe, in der sich die Gasaustrittsöffnungen befinden. Da Δh und g in Gl. 15 konstant sind, kann das Differenzdruckmeßgerät unmittelbar in Dichteeinheiten graduiert werden.

Die Verwendung von Perlrohren hat u. a. den Vorteil, daß bei den Gerätekonstruktionen auf bewährte pneumatische Bauteile zurückgegriffen werden kann. Wenn es nicht zulässig ist, das Meßgerät mit irgendwelchen Gasen in Berührung zu bringen, oder wenn Einbauten an der Meßstelle nicht möglich sind, können andere Meßfühler, wie Plattenfedermanometer (Membranen) zweckmäßig sein. Im Abschnitt 4.2. wird auf konstruktive Lösungen dieser Art eingegangen.

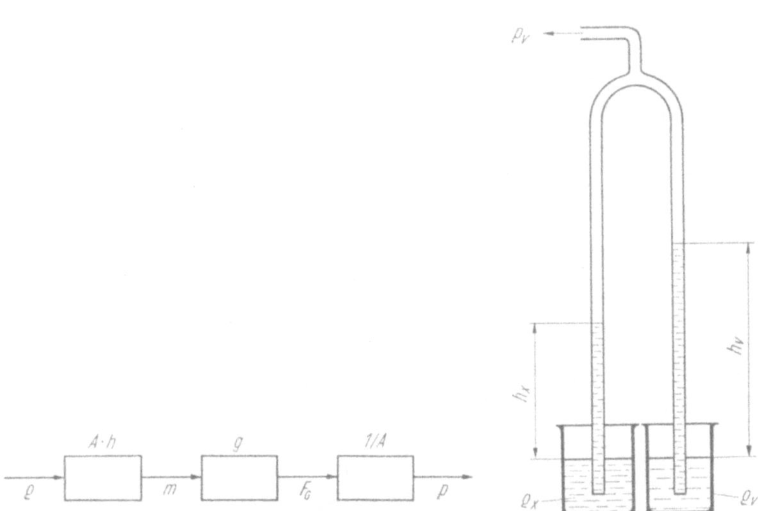

***Bild 10.** Signalflußplan einer Dichtemessung nach dem hydrostatischen Verfahren gemäß Bild 8*

A Fläche der wirksamen Flüssigkeitssäule (fällt bei der Multiplikation der Übertragungsfaktoren heraus), *g* Erdbeschleunigung

***Bild 11.** Steighöhenmethode zur Dichtemessung*

h_x bzw. h_V Steighöhe von Meß- bzw. Vergleichsflüssigkeit, p_V Vakuumanschluß

Bild 10 zeigt im Signalflußplan, wie aus einer Dichteänderung eine Druckänderung wird. Dabei ist deutlich zu erkennen, daß Änderungen von h Meßfehler verursachen müssen, denn nur konstante Übertragungsfaktoren gewährleisten, daß Änderungen der Ausgangsgröße ausschließlich von Eingangsgrößenänderungen abhängen. Bei einer vollständigen Darstellung muß dann noch das Verfahren der Druckmessung im Signalflußplan wiedergegeben werden.

Als weitere Form der hydrostatischen Dichtemeßverfahren ist die Methode der kommunizierenden Röhren zu nennen (Bild 11). Bei bekannter Dichte der Vergleichsflüssigkeit ϱ_V läßt sich aus dem Verhältnis der Steighöhen in den beiden Röhren $h_x : h_V$, die bei einem bestimmten Unterdruck zu beobachten sind, die Dichte ϱ_x des Meßgutes bestimmen:

$$\varrho_x = \frac{\varrho_V \cdot h_V}{h_x}. \tag{16}$$

3.3. Auftriebsmethoden der Dichtemessung

Auch das Archimedische Prinzip wird zur Flüssigkeitsdichtemessung ausgenutzt. Da der Auftrieb F_A eines Körpers gleich dem Gewicht $F_G = V \cdot \varrho \cdot g$ des verdrängten Flüssigkeitsvolumens ist, kann bei Kenntnis dieses Gewichtes, das bei einem schwimmenden Körper gleich dem Körpergewicht

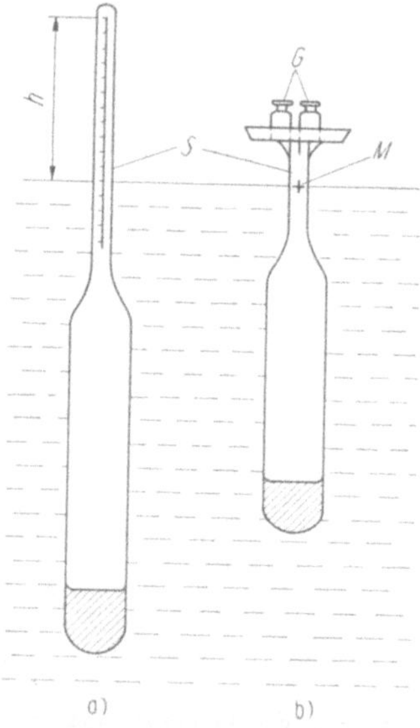

Bild 12. Zwei Eintaucharäometer mit visueller Ablesung der Eintauchtiefe

a konstante Masse; x_a: Eintauchtiefe h, ablesbar an der Skala in der Spindel S

b konstante Eintauchtiefe; x_a: Zusatzgewichte G, M Meßmarke

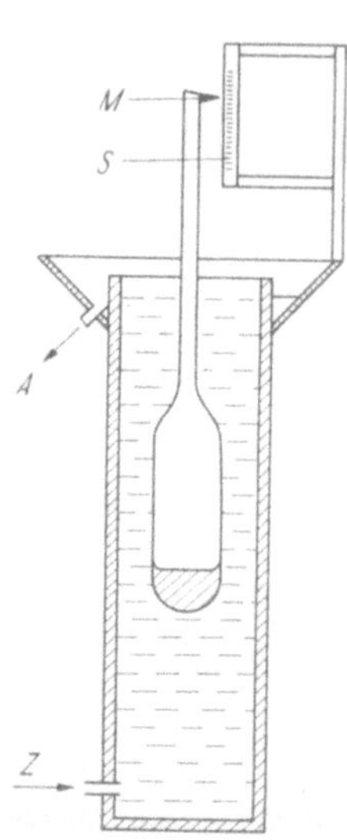

Bild 13. Eintaucharäometer gemäß Bild 12a im Überlaufgefäß (konstantes Flüssigkeitsniveau). x_a: Verschiebung der Marke M relativ zur feststehenden Skala S. Diese Verschiebung wird durch einen (nicht abgebildeten) Meßwandler in ein geeignetes Signal umgeformt (vgl. S. 47)

A Abfluß, *Z* Zufluß

F_K ist, aus dem Volumen auf die Dichte der Flüssigkeit geschlossen werden:

$$\varrho = \frac{F_K}{g} \cdot \frac{1}{V}. \tag{17}$$

Andererseits ist es auch möglich, das Volumen konstant zu halten und durch Messung der Kraft F_A die Dichte zu bestimmen:

$$\varrho = \frac{1}{V \cdot g} \cdot F_A. \tag{18}$$

Um diese beiden Möglichkeiten zu erläutern, sei zunächst das aus dem Laborbetrieb bekannte Aräometer betrachtet (Bild 12). Beim linken Aräometer (Bild 12a) bleibt die Masse konstant. Es muß folglich so tief in die Flüssigkeit eintauchen, bis Aräometergewicht F_K und Gewicht der verdrängten Flüssigkeit F_G gleich sind, was durch Veränderung des eingetauchten Volumens V erreicht wird. Dabei ist der Faktor vor V^{-1} in Gl. (17) eine Konstante. Bei der rechts gezeigten Konstruktion (Bild 12b) wird V konstant gehalten, indem durch Auflegen von Gewichtsstücken die Aräometermasse vergrößert und damit das Gesamtgewicht dem Auftrieb angeglichen wird, der bei einer bestimmten Flüssigkeitsdichte entsteht. Das Aräometer muß dabei immer bis zur Marke M eintauchen. Diese Konstruktion gleicht in ihrer prinzipiellen Wirkungsweise dem vollständig untergetauchten Auftriebskörper, wie er bei der Mohrschen Waage benutzt wird.

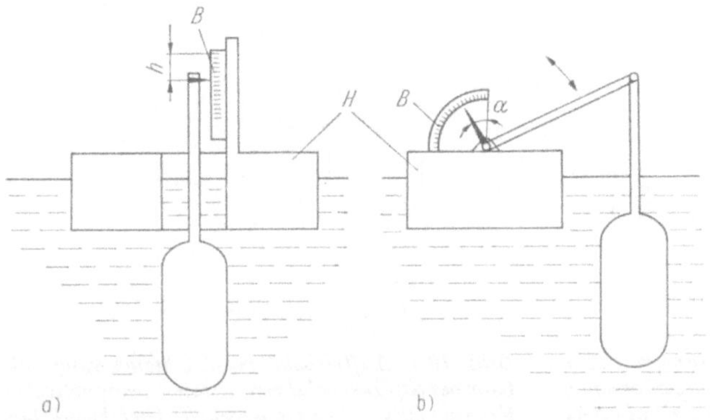

Bild 14. Eintaucharäometer mit Hilfsschwimmer H, der die Bezugsmarke B trägt (Doppelschwimmerprinzip)

a konzentrische Anordnung; x_a: lineare Verschiebung h

b nebeneinander angeordnete Schwimmer; x_a: Drehung α

Beide Verfahren lassen sich auch zu kontinuierlich messenden Anordnungen umgestalten. Beim Eintaucharäometer mit variablem Volumen besteht das Problem darin, die subjektive Ablesung der Eintauchtiefe durch ein objektives Verfahren zu ersetzen. Es muß also eine Vergleichsmarke geschaffen werden, zu der die vertikale Lage des Aräometers in Beziehung gesetzt werden kann. Die gegenwärtig überwiegend benutzte Lösung dieser Aufgabe besteht darin, die Lage der Flüssigkeitsoberfläche durch ein Überlaufgefäß zu fixieren (Bild 13). Durch eine starre Verbindung zum Überlaufgefäß wird die benötigte Vergleichsmarke gewonnen, so daß die Höhenlage des Aräometers mit Hilfe eines Wandlers in ein geeignetes Ausgangssignal umgewandelt werden kann.

Andererseits ist es aber auch möglich, die Flüssigkeitsoberfläche selbst als Vergleichsmarke zu benutzen. Dazu kann z. B. ein zweiter Schwimmer benutzt werden, der seine Eintauchtiefe bei Dichteänderungen weniger stark verändert als das Aräometer. Die beiden Schwimmer lassen sich konzentrisch (Bild 14a) oder nebeneinander (Bild 14b) anordnen. Die Empfindlichkeit hängt dabei vom Querschnittsverhältnis der Schwimmer in Höhe des Flüssigkeitsspiegels ab (vgl. Abschn. 5.5.). Im ersten Fall ist der Ausgangswert eine lineare Verschiebung einer Meßmarke gegenüber einer Skale, im zweiten Fall entsteht eine Kippbewegung, d. h. eine Winkeländerung, als Ausgangsgröße.

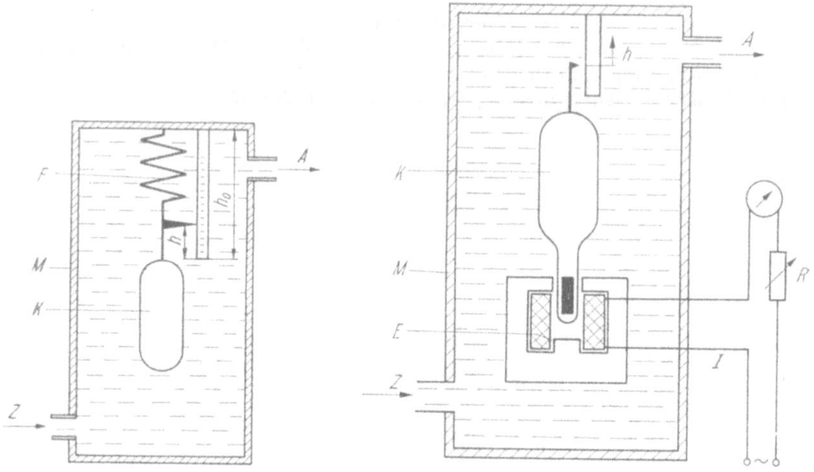

Bild 15. Dichtemessung mit Auftriebskörper K in geschlossenem Meßgefäß M ohne Überlauf (Ausschlagverfahren) x_a: h; Gleichgewichtsbedingung: $F_A + F_F = F_G$.

F Zugfeder, *Z* und *A* Zu- und Abfluß, F_A Auftriebskraft, F_F Federkraft, F_G Gewicht des Auftriebskörpers

Bild 16. Auftriebskörper-Dichtemessung als Kompensationsverfahren mit magnetischer Kompensationskraft F_K; x_a: I; Gleichgewichtsbedingung: $F_A = F_G + F_K$

A Abfluß, *Z* Zufluß, *E* Elektromagnet, *R* Widerstand zur Beeinflussung des Erregerstromes *I* und damit der magnetischen Kompensationskraft, F_A Auftriebskraft, F_G Gewicht des Auftriebskörpers

Soll der Auftrieb eines Tauchkörpers mit konstantem Volumen zur Dichtemessung benutzt werden, so muß der mit der Dichte veränderliche Auftrieb durch eine entsprechend veränderliche Gegenkraft kompensiert werden. Grundsätzlich werden in diesen Fällen vollständig untergetauchte Auftriebskörper benutzt, weil dann die Oberflächenbeschaffenheit des Meßgutes (vgl. Abschn. 5.3.3.) als Fehlerquelle ausscheidet.

Ähnlich wie bei den Wägemethoden kann für die Messung der Auftriebsänderung ein Ausschlagverfahren oder eine Kompensationsmethode benutzt werden. Hängt beispielsweise der Auftriebskörper an einer Feder, so ist die Dehnung der Feder, d. h. die Höhenlage des Auftriebskörpers, ein Maß für die Dichte (Bild 15). Im anderen Fall wird der Auftriebskörper mit Hilfe einer veränderlichen Kompensationskraft, z. B. durch einen Elektromagneten, in seiner Höhenlage gehalten (Bild 16). Die für die Kompensation benötigte Kraft F_K, im erwähnten Beispiel also auch der in der Spule des Magneten fließende Strom, ist dann von der Dichte abhängig und kann als Ausgangssignal verwendet werden. Im Bild 17 sind die beiden Verfahren mit Hilfe von Signalflußplänen dargestellt.

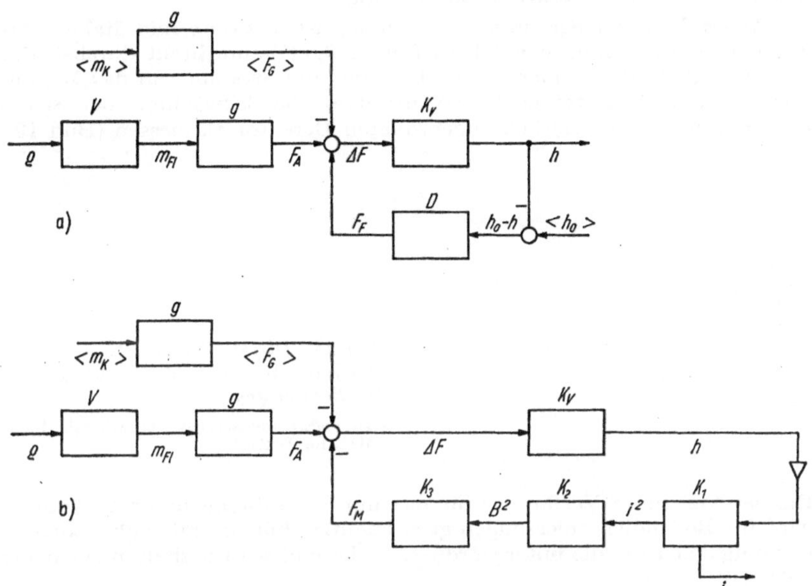

ild 17. Signalflußpläne der in den Bildern 15 und 16 gezeigten Meßverfahren Größen in spitzen Klammern sind Konstante)

a Ausschlagverfahren; x_a: h

b Nullverfahren; x_a: i

V Volumen des Auftriebskörpers, m_{Fl} Masse der vom Auftriebskörper verdrängten Flüssigkeitsmenge, m_K Masse des Auftriebskörpers, *B* magnetische Induktion; das Dreieck zwischen *h* und K_1 in 17b soll andeuten, daß durch einen Eingriff von außen (Verstellung des Widerstandes *R*) der Strom *i* in Abhängigkeit vom Ausschlag *h* so lange verändert wird, bis $h \to 0$ (Kompensation der Meßkraft). (restl. Buchstaben vgl. Bilder 15 und 16)

3.4. Dichtemessung mit Hilfe der Kernstrahlungsschwächung (vgl. [RA 58])

Für die bei der Dichtemessung benutzte Kernstrahlung gilt unter bestimmten Voraussetzungen hinsichtlich Geometrie und Strahlungsenergie ein exponentielles Schwächungsgesetz, das in der Form

$$J = J_0 \cdot e^{-\mu' \varrho d} \tag{19}$$

geschrieben werden kann. J_0 ist die Impulsdichte (bzw. die entsprechende Ionisationskammerstromstärke), die der Detektor registriert, wenn sich kein Absorber im Strahlengang befindet. Diese Impulsdichte wird durch einen Absorber der Dicke d und Dichte ϱ auf J reduziert; μ' ist der Massenschwächungskoeffizient, der von der Durchdringungsfähigkeit und damit von Strahlenart und -energie abhängt. Von der chemischen Natur des Absorbers (abgesehen von Änderungen im Wasserstoffgehalt; vgl. Abschnitt 5.3.4.) ist μ' praktisch unabhängig.

Die Anwendung der Strahlungsschwächung ist in zwei grundsätzlich verschiedenen Abordnungen möglich. Das Meßgut kann direkt durchstrahlt werden (vgl. Bild 18), man kann aber auch die Strahlung in das Meßgut eintreten und dort streuen lassen, um dann die Schwächung der Streustrahlung mit einem seitlich angeordneten Detektor zu messen (Bild 19).

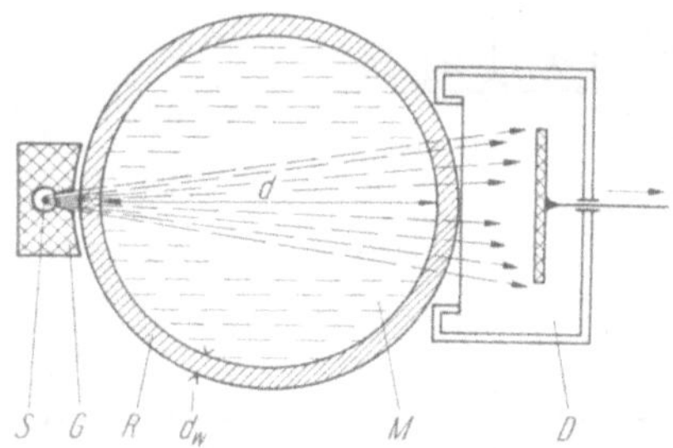

Bild 18. Direkte Durchstrahlung eines Meßgutes M senkrecht zur Längsachse der Rohrleitung R

d Innendurchmesser des Rohres (restl. Buchstaben im Text)

Das letztgenannte Verfahren, für das nur γ-Strahlung in Frage kommt, wird für Bodendichtemessungen gern benutzt. Für die Flüssigkeitsdichtemessung spielt es eine untergeordnete Rolle und wird deshalb nicht näher erörtert.

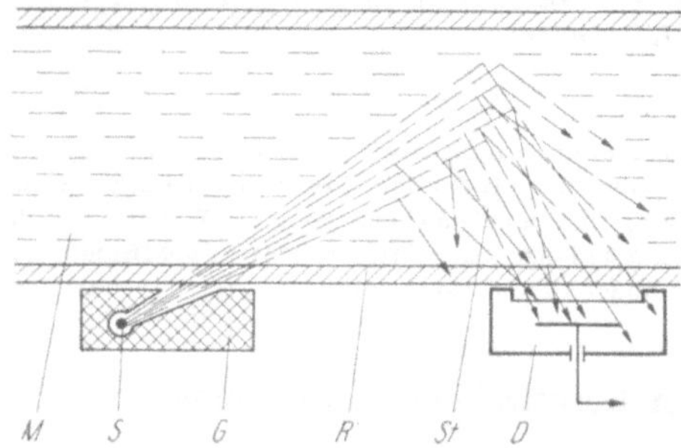

Bild 19. Ausnutzung der Schwächung der im Meßgut gestreuten Strahlung St zur Dichtemessung (Streuprozeß stark vereinfacht dargestellt). Bedeutung der Buchstaben wie in Bild 18.

Auch bei dem Verfahren mit Schwächung der direkten Strahlung wird fast nur γ-Strahlung verwendet [6], deren Durchdringungsfähigkeit es erlaubt, den Meßkopf — bestehend aus Strahler S mit Gehäuse G und Detektor D — außen an der Meßgutleitung anzubringen (Bild 18). Es sind dann zwei Rohrwände der Dicke d_W und der Dichte ϱ_W zu durchstrahlen, die natürlich zur Strahlungsschwächung beitragen:

$$J = J_0 \cdot e^{-\mu' (\varrho_W 2 d_W + \varrho d)} . \tag{20}$$

Außerdem tritt in tatsächlich ausgeführten Meßanordnungen zusätzlich noch Streu- und Sekundärstrahlung auf, so daß die Impulsdichte größer ist, als sich nach dem reinen Exponentialgesetz ergibt. Dies wird durch die Einführung eines sogenannten Aufbaufaktors B berücksichtigt, der vereinfachenderweise hier als dichteunabhängig angenommen sei. Werden im Schwächungsgesetz alle dichteunabhängigen Größen zu Konstanten zusammengezogen, so bekommt es schließlich die Form

$$J = K_S \cdot e^{-\mu' \varrho d} \tag{21}$$

mit

$$K_S = J_0 \cdot B \cdot e^{-\mu' \varrho_w 2 d_w}.$$

Eine theoretische Bestimmung von K_S ist in der Praxis nicht möglich, da B für jede reale Anordnung einen anderen Wert hat und auch J_0 nicht genau genug berechnet werden kann. Die statische Kennlinie $J = f(\varrho)$ eines Kernstrahlungs-Dichtemeßgerätes muß also mit Hilfe von Flüssigkeiten bekannter Dichte (Etalon-Flüssigkeiten) durch Messungen bestimmt werden.

Auf die Verfahren zur Messung von J kann hier nicht eingegangen werden. Es gibt eine große Zahl verschiedener Möglichkeiten [5] [21] [RA 58]. Genannt seien nur die Absolutmeßverfahren und die Kompensationsmethoden, bei denen die Spannungs- und die Strahlkompensation unterschieden werden (vgl. Abschn. 4.4.).

3.5. Meßverfahren, die Dichtemessungen ersetzen können

Bei der Aufzählung von Dichtemeßverfahren findet man in der Literatur häufig noch verschiedene Meßmethoden in einer Gruppe zusammengefaßt, die als *indirekte Methoden* bezeichnet werden. In diesem Zusammenhang werden beispielsweise refraktometrische Verfahren für die Dichtemessung diskutiert. Wie aus den Ausführungen in Abschn. 2.1. hervorgeht, ist diese Betrachtungsweise nicht korrekt. Die Dichte spielt fast stets die Rolle einer Meßgröße. Wird sie durch eine andere Meßgröße, z. B. die optische Brechzahl, ersetzt, so ändert sich damit nichts an der Aufgabengröße. Wurde bisher die Schwefelsäurekonzentration in einem Betrieb diskontinuierlich mit einem Aräometer über die Dichte ermittelt („gespindelt") und wird im Zuge der Automatisierung dieses Verfahren durch ein automatisches Refraktometer abgelöst, so ist dieses Refraktometer kein Dichtemeßgerät, sondern ein Konzentrationsmeßgerät, wie auch das Aräometer bis zu diesem Zeitpunkt als Konzentrationsmeßgerät diente.

Natürlich entspricht einer bestimmten Brechzahl auch eine bestimmte Dichte (vgl. Bild 20), weil beide Größen eindeutige Funktionen der Konzentration sind. Deshalb kann aus dem angezeigten Wert auch auf die Dichte geschlossen werden. Wenn es in Ausnahmefällen nötig sein sollte, tatsächlich die Dichte zu ermitteln, wenn z. B. die Dichte als Rechengröße gebraucht wird, kann die Messung mit der optischen Brechzahl als Meßgröße mit Recht als indirekte Dichtemessung bezeichnet werden.

Viele physikalische Größen können unter bestimmten Voraussetzungen die Dichte als Meßgröße ersetzen oder von ihr ersetzt werden. Es sind dies zunächst alle die Größen, die für Konzentrationsbestimmungen herangezogen werden [RA 26], wie die elektrische Leitfähigkeit, die Dielektrizitätskonstante, der pH-Wert, die optische Brechzahl, die Extinktion, das Rückstreuvermögen für β-Strahlung, das Schwächungsvermögen für weiche Röntgenstrahlung und ähnliche. Auch chemische Eigenschaften,

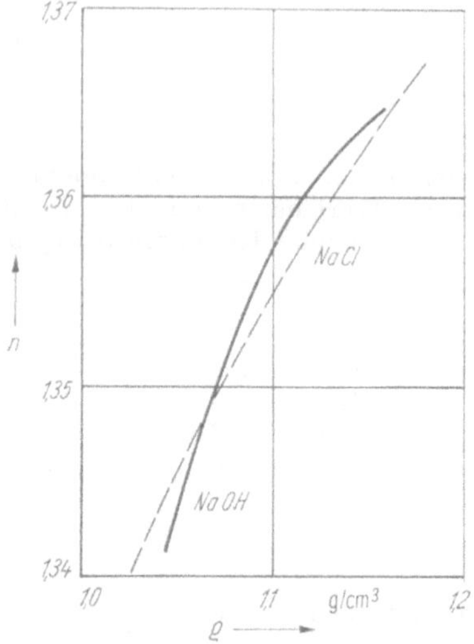

Bild 20. Zusammenhang zwischen Dichte ϱ und optischer Brechzahl n bei Natronlauge (ausgezogene Kurve) und Kochsalzlösung (gestrichelt)

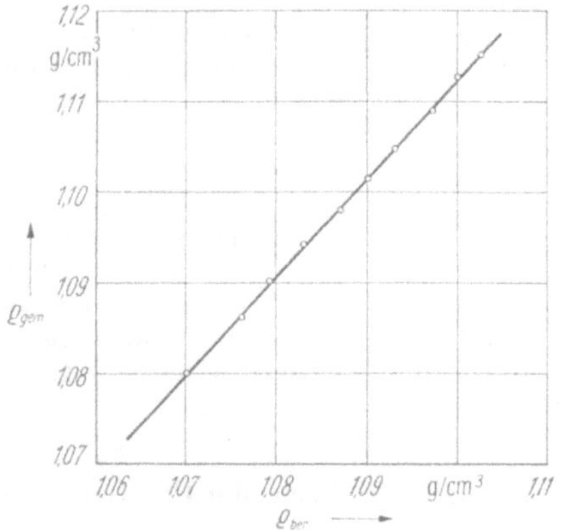

Bild 21. Ergebnis einer kapazitiven Dichtmessung [32]. Vergleich der gemessenen Dichte ϱ_{gem} mit der aus der Beziehung $\varrho = f(\vartheta)$ berechneten Dichte ϱ_{ber} (ϑ Temperatur)

die in automatischen Analysengeräten zur kontinuierlichen Konzentrationsbestimmung ausgenutzt werden, können dazugerechnet werden. Aber es stehen noch weitere physikalische Stoffeigenschaften, wie beispielsweise die Viskosität oder die Schallgeschwindigkeit, in einem eindeutigen Zusammenhang mit der Dichte. Dann kann die Dichtemessung, die zur Erfüllung der in den Abschnitten 2.3. und 2.4. behandelten Aufgaben dient, gegebenenfalls durch Benutzung einer anderen Meßgröße überflüssig werden.

Die einzige Ausnahme, bei der in bestimmten Fällen mit einer gewissen Berechtigung von einer indirekten Dichtemessung gesprochen werden kann, ist das im Abschn. 2.5. besprochene Gebiet der Massendurchflußmessung. Hierbei ist die Dichte zwar nicht selbst Aufgabengröße, aber sie wird zur Ermittlung der Aufgabengröße $\dot{m}$ benötigt. Als Beispiel sei die Bestimmung des Massendurchflusses flüssiger Gase (Wasserstoff, Sauerstoff usw.) genannt, ein Problem, das in der Raketentechnik auftaucht. Für die Ermittlung des dabei benötigten Dichtewertes wurde ein

Verfahren unter Zugrundelegung der Clausius-Mosottischen Gleichungen entwickelt [32]. Nach dieser Beziehung ist für reine Substanzen, wie sie hierbei vorliegen, die Dielektrizitätskonstante nur von der Dichte abhängig, die sich infolge von Druck- und Temperaturschwankungen ändern kann.
Bei dem zitierten Verfahren strömt die Flüssigkeit durch einen Zylinderkondensator, dessen Kapazität mit einer selbstabgleichenden Brücke kontinuierlich gemessen wird. Mit dieser Meßanordnung lassen sich Änderungen der Dichte mit einer Standardabweichung von $\pm$ 0,005% nachweisen. Bild 21 zeigt das Ergebnis einer Probemessung. Die Fehlerabschätzung ergab, daß die Abweichung zwischen gemessenen und berechneten Werten auf Fehler in den berechneten Werten zurückzuführen sind, weil die Leerkapazität und der Temperaturkoeffizient der Dichte nicht mit der erforderlichen Genauigkeit bekannt waren. Unter bestimmten Voraussetzungen und bei entsprechendem Aufwand kann also die Kapazitätsmessung ausnahmsweise zur Dichtebestimmung dienen. Anstelle der Dielektrizitätskonstante könnte für diese indirekte Dichtemessung auch eine andere dichteabhängige Größe, beispielsweise die Ausbreitungsgeschwindigkeit von Ultraschall [3], herangezogen werden.

Sofern jedoch die Dichte nicht als Rechengröße zur Ermittlung der Aufgabengröße benötigt wird, kann nicht von „indirekter Dichtemessung" gesprochen werden. Deshalb werden im folgenden diese Meßverfahren nicht weiter erörtert.
Auf der schematischen Übersicht in Tafel 4 sind die verschiedenen Möglichkeiten der kontinuierlichen Dichtemessung zusammengestellt. Dabei sind im Interesse der Vollständigkeit einige Varianten mit aufgenommen, die bisher noch nicht erwähnt worden sind. Auf Geräte dieser Art wird im folgenden Kapitel z. T. noch hingewiesen. Außerdem sind die einzelnen Gerätetypen mit einer Kennziffer (in geschweiften Klammern) versehen, die es ermöglicht, sich bei der Nennung verschiedener praktisch ausgeführter Geräte auf die in Tafel 4 wiedergegebene Übersicht zu beziehen.

4. Beispiele für industriell gefertigte Flüssigkeitsdichtemeßgeräte

4.1. Das „Haarnadelrohr" und andere Dichtewaagen

Die im vorstehenden Abschnitt beschriebenen Möglichkeiten, die Dichte eines flüssigen Meßgutes kontinuierlich zu messen, sind alle bereits in vielfältigen Ausführungsformen realisiert worden. Die Anzahl der angebotenen Dichtemeßgerätetypen ist im internationalen Maßstab jedoch sehr groß, so daß hier nur für jedes Verfahren einzelne charakteristische Geräte beschrieben werden können. Nach Möglichkeit wird auf andere Geräte des gleichen Typs hingewiesen.
Ein Dichtemeßgerät, das auf dem in Bild 4 dargestellten Prinzip beruht ({W31} in Tafel 4), wurde von der Fa. Rotameter Manufacturing Comp., London, entwickelt und wird von der Elliot-Automatisierungsgruppe vertrieben [58]. Dieses Elliot-Dichtemeßgerät *Gravitrol Mark 4* ist eine Weiterentwicklung der älteren Typen *Mark 2* und *3*.

Die Arbeitsweise des Gerätes wird aus Bild 22 deutlich. Das Meßgut fließt (im Haupt- oder Nebenstrom) durch das haarnadelförmige Meßrohr *M*, das über die flexiblen Anschlüsse *A* drehbar ist. Da das Meßrohr immer vollständig gefüllt ist, ändert sich mit der Meßgutdichte auch die Masse von Rohr plus Inhalt und damit die auf den Waagebalken *W* ausgeübte

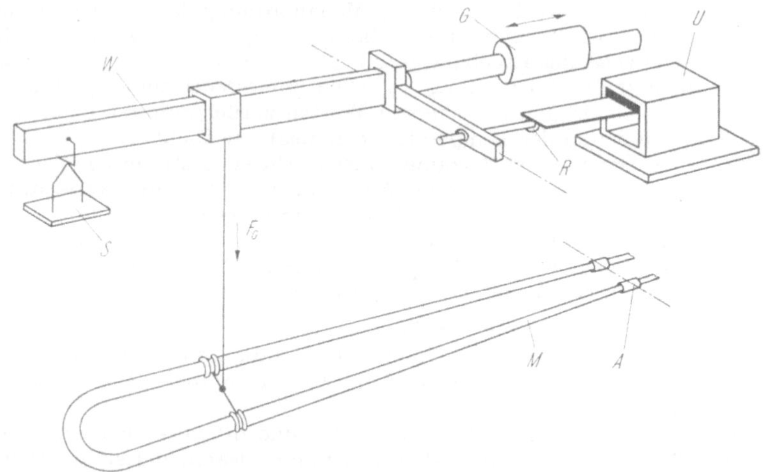

Bild 22. Schematische Darstellung des Wägemechanismus für ein „Haarnadelrohr" gemäß Bild 4 (Bedeutung der Buchstaben im Text)

Kraft F_G. Mit Hilfe des verschiebbaren Massestückes *G* läßt sich diese Kraft bei Solldichte kompensieren. Eine Auslenkung des Waagebalkens, die durch eine Dichteänderung verursacht wird, erzeugt über den Meßumformer *U* das Ausgangssignal. Mit dem verschiebbaren Reiter *R* kann der Meßbereich eingestellt werden. Er kann — ebenso wie der Nullpunkt — durch Auflegen von Massestücken auf die Tarierschale *S* beeinflußt werden. Das Gerät kann sowohl mit pneumatischem, als auch mit elektrischem Meßumformer ausgerüstet werden. Beide arbeiten nach dem weglosen Kraftvergleichsprinzip[1]).

Die Elliot-Dichtewaage wird als Standgerät gebaut (Bild 23). Sie muß auf festem Untergrund horizontal aufgestellt werden. Alle Lagerstellen sind als Kreuzbandaufhängungen ausgebildet; die Meßrohrverbindungen sind entweder aus Gummi bzw. gummiähnlichem Material oder aus Edelstahlfaltenbälgen, die auch Flüssigkeiten unter höherem Druck (bei Meßrohrverbindungen aus Edelstahl-Lamellen bis zu 15 kp/cm²) zu messen gestatten. Ein ölgefüllter Dämpfungszylinder verhindert ein Überschwingen

[1]) Richtiger ist es, bei Hebelsystemen von Drehmomentvergleich bzw. -kompensation zu sprechen. Da jedoch die Bezeichnung Kraftkompensation üblich ist, wird sie auch im folgenden benutzt.

bei sprungförmigen Dichteänderungen. Der Meßrohrinnendurchmesser beträgt 23 mm (oder 35,5 mm); der Inhalt der Rohrschleife ist damit bei einer Gesamtrohrlänge von etwa 2,65 m 1,1 l (oder 2,6 l). Der Volumendurchfluß soll bei Flüssigkeiten, die zum Absetzen neigen, mindestens 70···100 l/min betragen, sonst genügen 30···40 l/min. Der Arbeitsbereich liegt zwischen 0,5 g/cm³ und 2,5 g/cm³; der kleinste Meßbereich kann 0,01 g/cm³ betragen; der Meßfehler wird mit ± 1% vom Meßbereich angegeben. Eine Kompensation des Temperatureinflusses auf die Dichte ist möglich (vgl. Abschn. 5.4.).

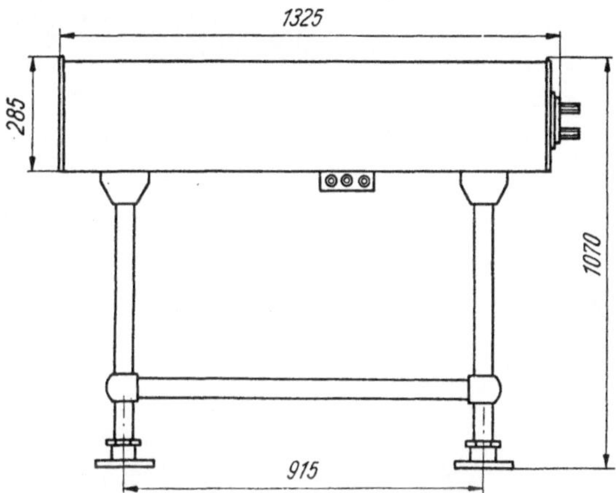

Bild 23. Abmessungen der Elliot-Dichtewaage Mark 4 [58]

Unter der Bezeichnung Gravitymaster Mk II wird ein ähnliches Gerät von der Sperry Gyroscope Co. Ltd. [59] hergestellt. Der kleinste Meßbereich dieses Gerätes ist 0,01 g/cm³, der Fehler soll unter günstigen Bedingungen nur ± 0,5% vom Meßbereich betragen. Der maximale Betriebsdruck der Normalausführung liegt bei 7 kp/cm², der maximale Durchfluß bei 110 l/min. Eine Temperaturkompensation ist vorgesehen.

Der Charkower Zweigbetrieb der Fa. OKB baut ein Dichtemeßgerät mit „Haarnadelrohr" unter der Typenbezeichnung PWP 2 [26]. Sein kleinster Meßbereich beträgt 0,005 g/cm³, wobei die Fehlergrenze bei ± 2,5% liegt. Für Meßbereiche ab 0,01 g/cm³ wird die Fehlergrenze mit ± 1,5% angegeben. Ein weiteres Gerät dieser Art ist unter der Bezeichnung DUB-1 auf dem Markt [24].

Für Kuchenteig, Creme und ähnliche Produkte in der Backwarenindustrie gibt es ein spezielles Gerät mit besonders weitem „Haarnadelrohr" (Drm. 5 cm), das dafür nur 1,5 m lang ist [34]. Das Gerät ist mit einem pneumatischen Meßumformer ausgestattet, dessen Ausgangssignal zur Regelung der Luftzufuhr in den Teigbereiter ausgenutzt werden kann.

Ein U-förmig gebogenes Rohr ist nicht die einzige Form, die dem Meßgefäß eines Dichtemeßgerätes nach der Wägemethode gegeben werden kann. Beispielsweise baut die HYDRO Apparate-Bauanstalt in Düsseldorf-Rath eine Meßeinrichtung ({W14} in Tafel 4) zur Registrierung der Dichte von Mineralölen [53]. Dieses Gerät besitzt, wie Bild 24 zeigt, ein kugelförmiges Meßgefäß von 7,5 l Inhalt. Das vom Meßgut durchströmte Gefäß *G* hängt an einem Waagebalken *W*, an dem bei Dichteänderungen ein Drehmoment erzeugt wird. Dieses wird ausgeglichen durch ein Gegenmoment, das sich dadurch verändert, daß das Meßgewicht *M* mit einer

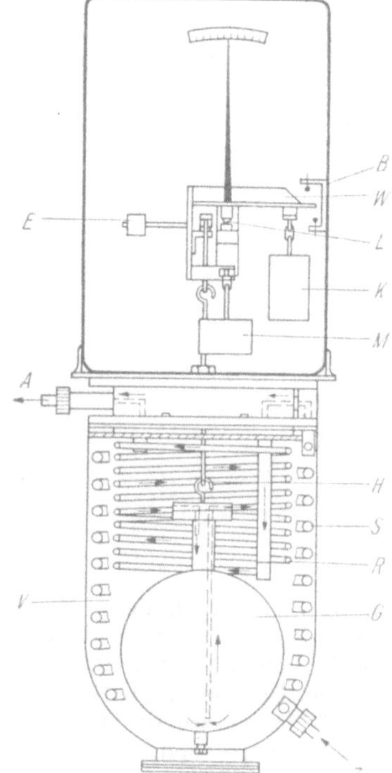

Bild 24. Dichtewaage der Fa. HYDRO [53]

B Begrenzung des Ausschlages, *E* Einstellgewicht, *H* Meßgefäßaufhängung, *K* Kompensationsgewicht für Grundlast, *L* Lager (Schneidenlager), *R* Rohrwendel für Meßgefäßanschluß, *S* Rohrschlange für Wärmeaustausch, *V* Vergleichsflüssigkeit (restl. Buchstaben im Text)

durch die Neigung veränderlichen Kraftkomponente angreift. Die Drehbewegung der Neigungswaage wird mechanisch auf einen Schreibstift oder auf eine Anzeigevorrichtung übertragen. Zu- und Abfluß (*Z* und *A*) sind wendelförmig ausgebildet, um die freie Beweglichkeit des Meßgefäßes möglichst wenig zu beeinträchtigen. In Bild 25 ist der Signalflußplan dieses Gerätes wiedergegeben. Die Kompensation des Temperatureinflusses erfolgt bei diesem Gerät durch Temperieren einer Vergleichsflüssigkeit *V*, wie im Abschn. 5.4. noch näher ausgeführt wird. Der kleinste Meßbereich beträgt 0,1 g/cm³; der Grundfehler liegt bei ± 1% vom Meßbereich. Der Betriebsdruck darf maximal 25 kp/cm² betragen, und für den Volumendurchfluß werden 5 ··· 10 l/min gefordert. Sowohl pneumatische, als auch elektrische Meßumformer sind anschließbar.

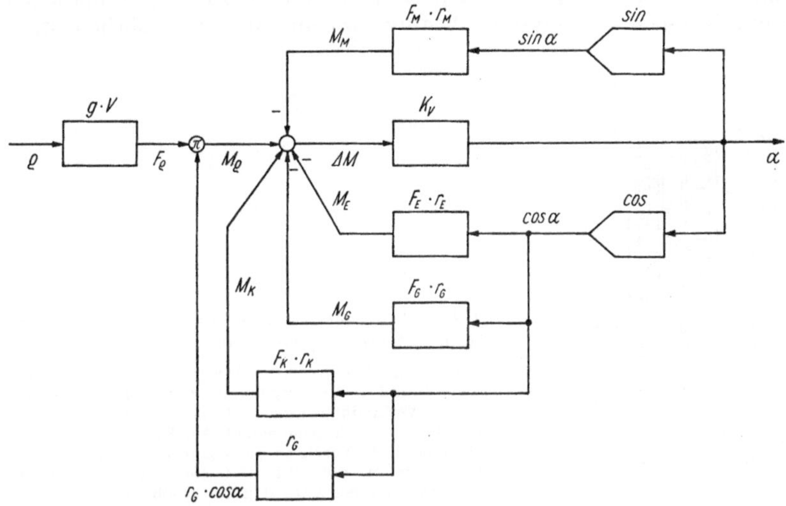

Bild 25. Signalflußplan der in Bild 24 gezeigten Dichtewaage

V Meßgefäßvolumen, g Erdbeschleunigung, K_V Übertragungsfaktor (mit zweimaliger Integration), durch den aus einem Drehmoment eine Auslenkung um den Winkel α wird, r Angriffsarm der jeweiligen Kraft F; Indizes: ϱ Meßgutdichte bzw. entsprechende Auftriebsänderung, M Meßgewicht, E Einstellgewicht, G Meßgefäß, K Kompensationsgewicht

Wenn ein günstiges Zeitverhalten erreicht werden soll (vgl. Abschn. 5.6.), müssen möglichst kleine Meßgefäße verwendet werden, was sich jedoch nachteilig auf die Empfindlichkeit auswirkt. Bei einem Gerät, das ein nur 45 cm³ fassendes Meßgefäß mit freiem Überlauf hat, werden deshalb Dehnungsmeßstreifen zur Wägung benutzt [39].

Die beiden bisher beschriebenen Meßgefäßformen sind bei Flüssigkeiten mit hohem Feststoffgehalt nur bedingt einsetzbar. Für die Dichtemessung beim Hydrotransport von Erde, Sand, Erz, Kohle usw. werden deshalb andere Meßgefäßformen verwendet, wofür sich in [10] zahlreiche Beispiele finden. Im wesentlichen handelt es sich um gerade Rohrabschnitte, die kontinuierlich gewogen werden. Sie können direkt im Hauptstrom angeordnet sein (Bild 26), aber auch in einer Abzweigleitung liegen (Bild 27). Bei diesen Konstruktionen kommt es darauf an, Auswirkungen der Verbindungen zwischen dem starren und dem beweglichen Rohrstück auf das Ergebnis der Wägung möglichst zu vermeiden. Meistens werden diese Konstruktionen nur bei geringen Genauigkeitsforderungen eingesetzt.

Läßt sich der Meßort an eine Stelle legen, wo das Meßgut aus dem geschlossenen System in einen offenen Behälter oder eine Rinne fließt, so werden Systeme mit freiem Auslauf bevorzugt. Sie bereiten geringere konstruktive Schwierigkeiten. Das Verfahren ist allerdings nur anwendbar, wenn durch hinreichend konstante Strömungsgeschwindigkeit und Viskosität garantiert ist, daß das Meßrohr bis zum offenen Ende stets gleichmäßig gefüllt ist. Auch bei diesen Geräten werden zur kontinuierlichen Wägung Kompensationssysteme benutzt, wie aus Bild 28 ersichtlich ist.

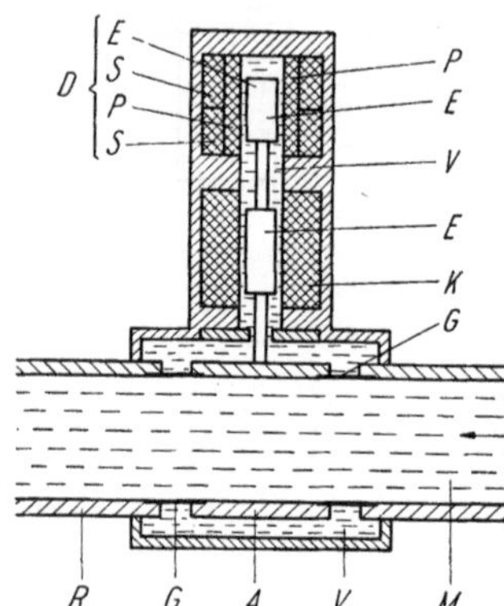

Bild 26. Dichtemessung durch Wägung eines beweglich eingefügten Rohrabschnitts A [4]

D Differentialtransformator (vgl. [RA 13]) mit Primärspule *P* und Sekundärspulen *S*, *E* Eisenkerne, *G* elastische Verbindungen (z. B. Gummi) zwischen *A* und Rohrleitung *R*, *K* Magnetspule für Kraftkompensation, *M* Meßgut, *V* Vergleichsflüssigkeit (z. B. Wasser) zur Kompensation der Grundlast und zur Ermöglichung des Einsatzes bei Meßgut unter erhöhtem Druck

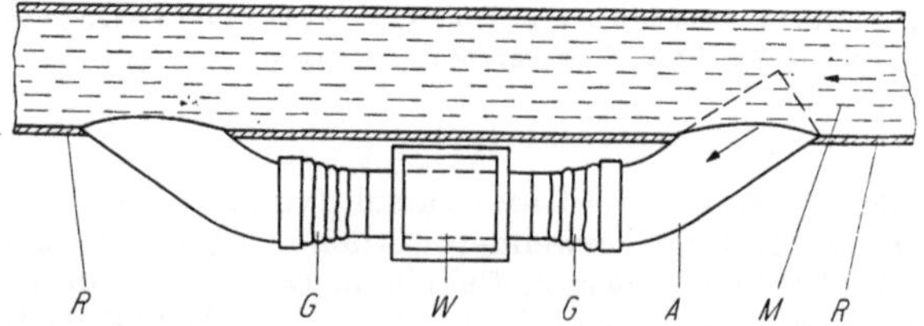

Bild 27. Dichtemessung durch Wägung eines beweglichen Rohrstückes in einer Abzweigleitung A [10]

G elastische Verbindungen, *M* Meßgut, *R* Rohrleitung, *W* hydraulische Waage

Die Empfindlichkeit ist bei diesen Geräten — vor allem, wenn das bewegliche Rohrstück nur kurz ist (Bild 26) — nicht sehr groß. Sie kommen deshalb, wie erwähnt, nur für den Einsatz beim Hydrotransport von Feststoffen in Frage. Für diesen Einsatz ist es vorteilhaft, daß sie recht robust aufgebaut sind und damit den besonders rauhen Betriebsbedingungen gut angepaßt werden können.

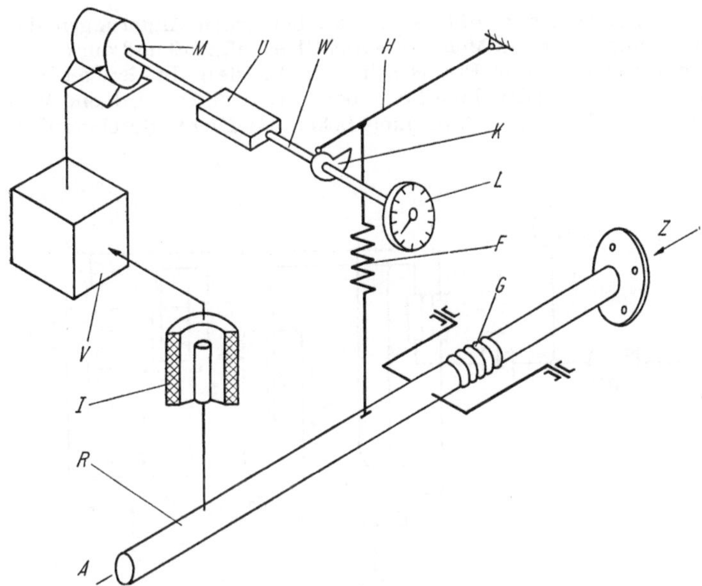

Bild 28. Halbschematische Darstellung des Mechanismus für ein kraftkompensierendes System zur Wägung des beweglichen Rohrstückes R (Dichtemesser für Aufschlämmungen Typ IPWF [3])

A Abfluß, *F* Feder, an der *R* hängt, *G* Gummiverbindung, *H* Hebel zur Befestigung von *F*, *I* induktiver Geber (vgl. [RA 13]), *K* Kurvenscheibe zur Beeinflussung der Federspannung, *L* lokale Anzeige, *M* Motor zur Verstellung der Kurvenscheibe über die Welle *W*, *U* Untersetzungsgetriebe, *V* Verstärker, *Z* Zufluß

Die dargestellten Meßgefäßformen (Bilder 22, 24, 26 bis 28) sind natürlich nicht die einzigen Möglichkeiten, Dichtemessungen über kontinuierliche Wägungen zu realisieren. Weitere Beschreibungen von Dichtemeßgeräten nach dem Wägeprinzip sind in [3] [4] [10] [11] [39] u. ä. zu finden.

4.2. Hydrostatische Dichtemeßeinrichtungen

4.2.1. „Perlrohr"-Dichtemeßgeräte

Die gerätetechnischen Ausführungen für Dichtemessungen unter Ausnutzung des hydrostatischen Druckes (Abschn. 3.2.) sind außerordentlich vielgestaltig. Eine Unterscheidung läßt sich beispielsweise danach vornehmen, mit welchen Fühlern der Druck in der Flüssigkeit gemessen wird (vgl. Tafel 4). Es gibt Geräte mit Druckmessung durch die sogenannten „Perl-" bzw. „Sprudelrohre", durch elastische Druckaufnehmer oder mit

Druckübertragung. Daneben gibt es Geräte, bei denen Änderungen der Steighöhe ausgenutzt werden. Meßgeräte mit Überlaufgefäß und nur einem Druckaufnehmer sind in der Praxis selten (z. B. [64]). In den meisten Fällen wird die Differenzdruckmethode benutzt, oder es wird ein Vergleich mit dem Druck in einer Flüssigkeit bekannter Dichte durchgeführt.

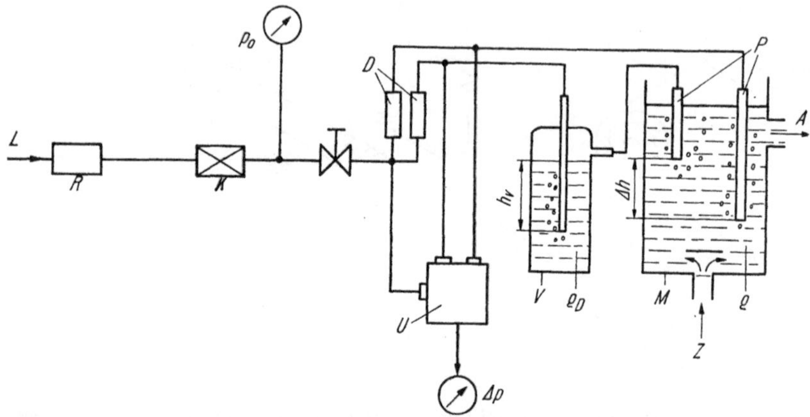

Bild 29. Schema eines hydrostatischen Dichtemeßgerätes mit „Perlrohren" nach dem Differenzdruckverfahren (mit Nullpunktunterdrückung)

A Abfluß, *K* Konstantwertregler für die Luftversorgung *L* (der Vordruck wird bei p_0 auf seine Konstanz kontrolliert), *R* Reduzierstation, *Z* Zufluß (restl. Buchstaben im Text)

Als Beispiel für ein Dichtemeßgerät nach dem Perlrohrprinzip sei ein Gerät aus der DDR beschrieben ({H21} in Tafel 4). Die wichtigsten Bestandteile dieses Gerätes sind aus Bild 29 zu ersehen. Die Flüssigkeit, deren Dichte gemessen werden soll, strömt — möglichst mit annähernd konstanter Strömungsgeschwindigkeit — durch das Meßgefäß *M*, in das die beiden Perlrohre *P* eintauchen. Mit Δh ist der senkrechte Abstand zwischen den beiden Ausströmöffnungen bezeichnet; er ist einstellbar und kann maximal 1 m betragen. Der entstehende Differenzdruck Δp wird entweder mit Hilfe einer Ringwaage angezeigt, oder (entsprechend der Darstellung in Bild 29) in einem Differenzdruckmeßumformer *U* in ein pneumatisches Einheitssignal umgewandelt. Die Perldrosseln *D* in den beiden Meßleitungen halten den eingestellten Luftdurchsatz von beispielsweise 10 l/h unabhängig vom Meßdruck bis zu einem Vordruck von 2,5 kp/cm² konstant.

Das Vergleichsgefäß *V*, das dem kürzeren Perlrohr vorgeschaltet ist, dient der Nullpunktunterdrückung. Bei Verwendung von Druckmeßumformern für die Differenzdruckmessung kann die Nullpunktunterdrückung auch im Meßumformer erfolgen. Im abgebildeten Fall ist das druckdichte Gefäß *V* mit einer geeigneten Flüssigkeit (z. B. Dekalin; $\varrho_D = 0{,}89$ g/cm³) gefüllt, in die das Tauchrohr bis zur Tiefe h_V eintaucht. Die Formel zur Berechnung von h_V ergibt sich aus der Voraussetzung, daß bei der niedrigsten vorkommenden Dichte des Meßgutes ϱ_{min} der nach Gl. (15) entstehende Differenzdruck $\Delta p = \Delta h \cdot g \cdot \varrho_{min}$ gerade kompensiert werden, d. h. $\Delta h \cdot g \cdot \varrho_{min} = h_V \cdot g \cdot \varrho_D$ sein soll. Es muß demnach

$$h_V = \frac{\Delta h \cdot \varrho_{\min}}{\varrho_D} \tag{22}$$

gelten, damit an der unteren Meßbereichsgrenze „Null" angezeigt wird. Auf diese Weise läßt sich die Skala für den in Frage kommenden Meßbereich voll ausnutzen und damit die Empfindlichkeit erhöhen.

Es sei noch erwähnt, daß Vergleichsmessungen zwischen Meßgut und einer Standardflüssigkeit bekannter Dichte, die eine Abweichungsanzeige ergeben, ebenfalls eine Möglichkeit darstellen, einen beliebigen Teil des Meßbereiches zu unterdrücken. Davon wird auch bei hydrostatischen Dichtemeßverfahren Gebrauch gemacht (vgl. z. B. [RA 26] [3] [39]).

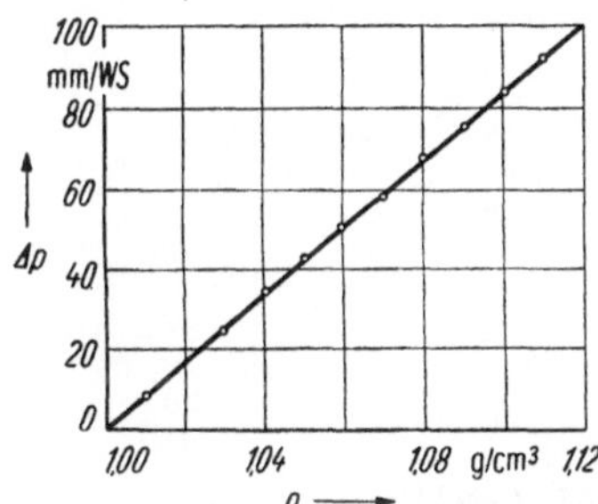

Bild 30
Statische Kennlinie eines Differenzdruck-Dichtmeßgerätes (Differenzdruck $\Delta p = f(\varrho)$). Meßgut: Kalkmilch

Eine Reihe konstruktiver Details ist zu beachten, um eine einwandfreie Funktion des Gerätes zu erzielen. So dürfen beispielsweise die Ausströmöffnungen nicht zu groß sein, um zu erreichen, daß sich möglichst kleine Blasen ablösen, womit die Druckschwankungen in den Meßleitungen verkleinert werden. Auch müssen beide Perlrohre mit gleicher, möglichst konstanter und nicht zu großer Geschwindigkeit angeströmt werden, und an beiden Ausströmöffnungen muß die gleiche Dichte herrschen. Bei größeren Meßgefäßen läßt sich dies durch Einbau der Perlrohre in ein engeres, offenes Rohr erreichen. Bei Suspensionen und Aufschwemmungen muß die Strömungsgeschwindigkeit größer sein als die Absetzgeschwindigkeit der Feststoffe. In Bild 30 ist die statische Kennlinie eines solchen Gerätes mit einer Ringwaage als Anzeigegerät wiedergegeben. Die Meßunsicherheit beträgt etwa $\pm$ 0,005 g/cm³. Der Luftverbrauch liegt zwischen $\approx$ 30 l/h (bei Messung von Δp mit einer Ringwaage) und 300 l/h (bei Verwendung eines Meßumformers).

Ein ähnliches Gerät, bei dem der Behälter für die Vergleichsflüssigkeit innerhalb des Meßgerätes angeordnet ist, wird in der UdSSR hergestellt [3]. Bild 31 zeigt dieses Gerät mit der Typenbezeichnung KM im Schnitt.

Das Meßgut gelangt durch den Zufluß Z in das Meßgefäß und fließt über den Überlauf $\ddot{U}$ und den Abfluß A ab. Die beiden Perlrohre P befinden sich in einem offenen Schutzrohre S, um die Einflüsse der Strömungsgeschwindigkeit zu vermindern. Die Nullpunktunterdrückung und Temperaturkompensation werden mit Hilfe der Vergleichsflüssigkeit V erzielt, die sich in einem zweigeteilten, kommunizierenden Gefäß G befindet und durch den Einfüllstutzen F nachgefüllt werden kann. Im linken Gefäßteil befindet sich das Perlrohr zur Nullpunktunterdrückung N; der rechte Gefäßteil erweitert sich oben zu einer großen Oberfläche, wodurch erreicht wird, daß sich der Füllstand der Vergleichsflüssigkeit bei temperaturbedingten Volumenänderungen praktisch nicht verändert.

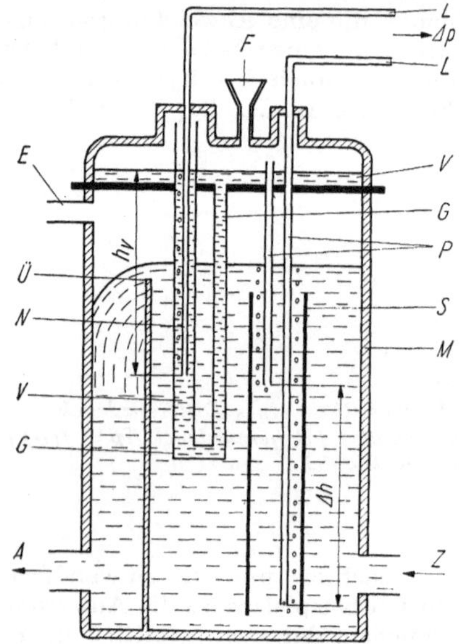

Bild 31. Geschlossene Bauweise der in Bild 29 dargestellten Differenzdruck-Dichtemeßanlage (Sowj. Gerät Typ KM [3])

E Entlüftung, L Meßleitungen, M Meßgefäß (restl. Buchstaben im Text)

Es ist naheliegend, daß die meisten Hersteller von Druckmeßumformern auch Dichtemeßgeräte nach dem Perlrohrverfahren anbieten, da der Bau von Sondenrohren keinerlei konstruktive Schwierigkeiten bietet. Als Beispiel seien hier die Firmen Fischer & Porter Co. [47], Foxboro [49], Negretti & Zambra [57], G-S-T [52] und Debro-Werk [45] genannt.

4.2.2. Hydrostatische Dichtemeßgeräte ohne Perlrohre

Ein Dichtemeßgerät, in dem die Druckdifferenz mit Hilfe von Membranen ermittelt wird ({H 32} in Tafel 4), ist in der Sowjetunion als System „Sokolow“ (Typ PS-1) bekannt [3]. Bild 32 zeigt ein vereinfachtes Schema dieses Dichtemeßfühlers, der für die Zuckerindustrie entwickelt wurde.

Die beiden im Abstand Δh voneinander angeordneten Gummimembranen G sind die druckaufnehmenden Elemente. Mit ihnen wird nicht die absolute Druckdifferenz der Meßgut-Flüssigkeitssäule gemessen, sondern die Abweichung dieser Druckdifferenz von der Druckdifferenz einer Wassersäule. Das zuströmende Wasser W durchfließt zuerst eine Rohrschlange R, um

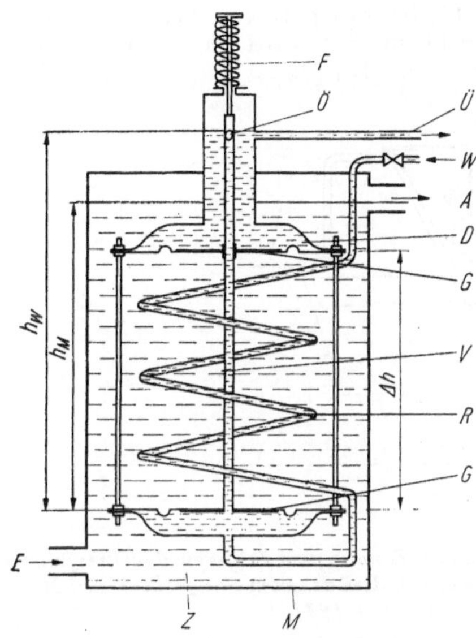

Bild 32. Differenzdruck-Dichtemeßgerät mit Membranen als Druckmeßfühler [3] (Erklärung der Buchstaben im Text)

die Temperatur des Meßgutes anzunehmen (vgl. Abschn. 5.4.), und gelangt aus der unteren Druckmeßdose durch die hohle Verbindungsstange V mit der Öffnung $\ddot{O}$ in die obere Dose D, deren Membran mit dieser Stange fest verbunden ist. Das überschüssige Wasser fließt durch das Überlaufrohr $\ddot{U}$ ab. Das Meßgut (Zuckerlösung Z) tritt bei E in das Meßgefäß M ein und verläßt es durch den Abfluß A. Eine Dichtezunahme führt zu einer Abwärtsbewegung der beiden Membranen mit der Verbindungsstange, bis die Feder F soweit zusammengedrückt ist, daß sie der vergrößerten Meßkraft wieder das Gleichgewicht halten kann. Die nach unten gerichtete Meßkraft ergibt sich bei einer wirksamen Fläche der beiden Membranen von A_M an der unteren Meßdose zu

$$F_u = A_M \varrho g h_M - A_M \varrho_W g h_W , \tag{23}$$

(wobei ϱ und ϱ_W die Dichten des Meßgutes und des Wassers als Vergleichsflüssigkeit sind). Die abwärts gerichtete Kraft an der oberen Membran ist

$$F_0 = A_M \varrho_W g (h_W - \Delta h) - A_M \varrho g (h_M - \Delta h) . \tag{24}$$

Durch die Addition von Gln. (23) und (24) ergibt sich die wirkende Meßkraft zu

$$F_M = A_M\, g\, \Delta h\, (\varrho - \varrho_W)\,. \tag{25}$$

Sie ist unabhängig von den Höhen der Meßgut- und Wassersäule.

Für die Dichtemessung in Rohrleitungen sind Differenzdruckanordnungen ebenfalls verwendbar. Speziell beim Hydrotransport von Feststoffen und auf den Saugbaggern der UdSSR (Bild 33 [27]) wird dieses Dichtemeßverfahren in vielen Varianten benutzt [3] [10] [29].

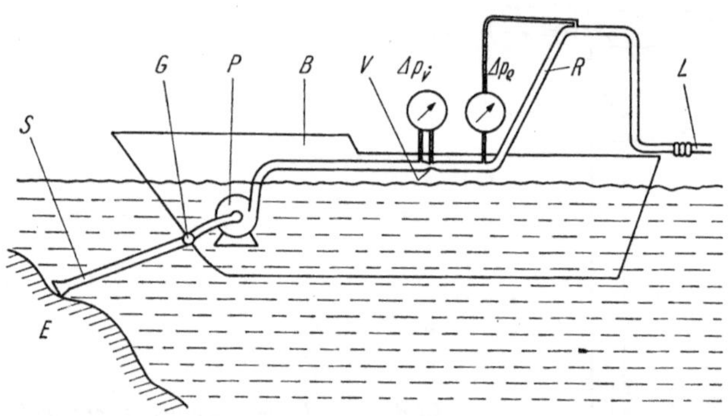

Bild 33. Dichtemessung auf einem Saugbagger B nach dem Differenzdruckverfahren im Steigrohr R zur Bestimmung des Feststoffgehaltes des vom Saugrohr S mit Hilfe der Pumpe P geförderten Sand/Wasser-Gemisches [27]

E Erdreich bzw. Sand, *G* Gelenk, *L* Leitung zum Anladender Sandaufschlämmung, $\Delta p_{\dot V}$ Durchflußmesser, Δp_ϱ Dichtemesser, *V* Venturidüse

Für den Einsatz in der chemischen Industrie wird ein Gerät dieser Art ({H23} in Tafel 4) von der Fa. WRM-KG, Bochum [63], angeboten (Bild 34). Die zu messende Flüssigkeit wird über eine Abzweigleitung durch ein senkrechtes Meßrohr *R* der Nennweite NW 15 (oder NW 25) geführt, in dem die beiden Meßkammern *K* mit den schlauchförmigen Membranen *M* im Abstand Δh angeordnet sind. Druckänderungen an den Membranen werden mit Hilfe einer Flüssigkeit (Glyzerin) über ein Zwischenrohr *Z* auf den an der unteren Meßkammer angeflanschten Differenzdruckmeßumformer *U* übertragen, der sie in ein pneumatisches Einheitssignal umwandelt, das angezeigt, geschrieben oder zur Gewinnung von Regelsignalen benutzt werden kann. Der Meßwandler ist einstellbar von 0···300 mmWS bis 0···3000 mmWS Differenzdruck Δp. Der damit realisierbare Meßbereich $\Delta\gamma$ (in p/l) ($\triangleq \Delta\varrho$ in g/l) ist

$$\Delta\gamma = \Delta p / \Delta h\,, \tag{26}$$

wobei Δh in m einzusetzen ist. Bei einer Meßrohrlänge von 2 m beträgt also der kleinste Meßbereich (für die Einstellung 0···300 mmWS) $\Delta\gamma = 150$ p/l, das entspricht $\Delta\varrho = 0{,}15$ g/cm³. Eine Temperaturkompensation ist nicht vorgesehen, sondern das Meßgut ist auf konstante Temperatur zu bringen. Als zulässiger Nenndruck gilt ND 10.

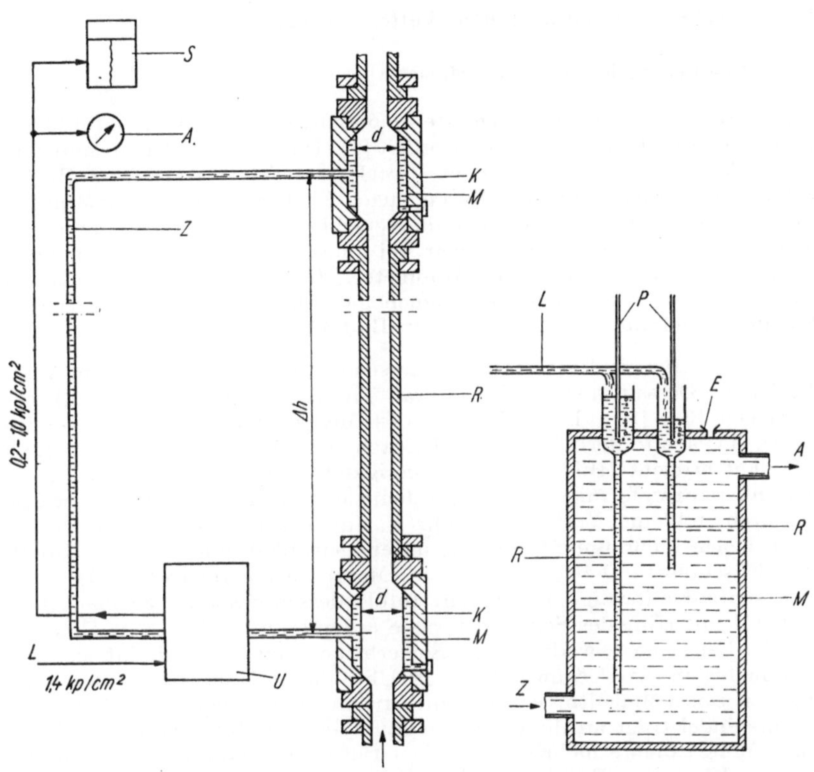

Bild 34.* *Differenzdruck-Dichtemeßgerät an einer Steigleitung [63]

A Anzeigegerät, L Luftversorgung, S Schreiber, d Durchmesser der Membranschläuche (restl. Buchstaben im Text)

Bild 35.* *Schematische Darstellung der Dichtemessung nach dem Steighöhenprinzip bei Atmosphärendruck

A Abfluß, E Entlüftung, M Meßgefäß, Z Zufluß (restl. Buchstaben im Text)

Die Steighöhenmethode (vgl. Bild 11) ist für kontinuierliche Dichtemessungen ebenfalls erprobt worden. Besonders für die Bestimmung von Feststoffkonzentrationen in Wasser kommt dieses Verfahren ({H 41} in Tafel 4) in Betracht. Der Wasserstand in den beiden Rohren *R* (Bild 35) stellt sich entsprechend dem am jeweiligen Rohrende herrschenden Druck ein. Um zu sichern, daß sich in den Steigrohren stets nur reines Wasser befindet, strömt durch die Leitungen L ständig etwas Wasser nach. Der Wasserstand in den beiden Rohren kann auf verschiedene Weise gemessen werden (vgl. [RA 31]); häufig werden Perlrohre P dazu benutzt.

4.3. Dichtemeßgeräte nach dem Auftriebsprinzip

4.3.1. Kontinuierlich arbeitende Aräometer

Aräometer sind als Labormeßgeräte schon lange in Gebrauch und deshalb auch sehr gründlich untersucht worden [1]. Durch die vielen Aräometerkonstruktionen, die für besondere Zwecke entwickelt wurden (z. B. Alkoholometer, Saccharimeter, Ölwaage nach Fischer, Aräometer für Mineralöle, für Milch usw. [1]), sind auch die verschiedenen Einheiten entstanden (vgl. Tafel 3), die manchmal sogar bei anderen Dichtemeßgeräten noch auftauchen. Insbesondere die Aräometer, die in Konzentrationsmaßen graduiert sind, haben in verschiedenen modernen Meßeinrichtungen ihre Nachfolger gefunden (vgl. z. B. das in Bild 44 gezeigte Gerät).

Als Beispiel für ein kontinuierlich messendes Aräometer sei das im VEB Junkalor, Dessau, hergestellte Gerät Fludilyt ({A11} in Tafel 4) beschrieben [33] [54]. Die Konstanz des Meßgutniveaus, die für Geräte dieses Typs erforderlich ist, wird durch ein Meßgefäß mit doppeltem Überlauf erreicht (Bild 36). Die Flüssigkeit tritt über den Zulauf Z in den inneren ringförmigen Raum, in dem sie bis zum Überlauf $Ü$ ansteigt. Dadurch steht das Verbindungsrohr V, durch das die Flüssigkeit in den eigentlichen Meßraum M gelangt, unter gleichbleibendem Druck. Durch eine Düsenplatte D bekommt die im Meßraum aufsteigende Flüssigkeit eine schraubenförmige Bewegung. Infolgedessen versetzt sie das Aräometer A mit Hilfe des Schaufelsterns S am unteren Ende in eine Drehung um die Längsachse, wodurch mit Sicherheit vermieden wird, daß sich das Aräometer an die Gefäßwand anlegt. Über die Meßraumoberkante O, die das konstante Meßgutniveau vorgibt, strömt die Flüssigkeit ab. Die Aräometerspindel trägt an ihrem oberen Ende einen Induktionsstab I, der je nach Meßgutdichte mehr oder weniger tief in die Induktionsspule L eintaucht. Über eine Brückenschaltung mit nachfolgender Ringmodulatoranordnung entsteht an den Ausgangsklemmen eine der Eintauchtiefe des Aräometers proportionale Ausgangsgleichspannung, die mit Hilfe eines Fallbügelschreibers registriert wird.

Der Durchfluß kann zwischen 75 l/h und 300 l/h liegen. Der kleinste Meßbereich beträgt 0,01 g/cm³, der Grundfehler wird mit $\pm$ 3% vom Meßbereich angegeben. Eine Temperaturkompensation für temperaturbedingte Dichteänderungen bis zu maximal 60% des jeweiligen Meßbereiches ist vorgesehen. Falls das Meßgut unter Druck steht, muß eine Reduzierstation vorgeschaltet werden. Die Zeitkonstante ist dank des doppelten Überlaufes von Durchflußschwankungen praktisch unabhängig. Eine Vorstellung von den Größenverhältnissen gibt die Maßskizze in Bild 37, die allerdings nur das am Meßort unterzubringende Meßgefäß zeigt. Die Sekundärgeräte können bis zu 200 m entfernt aufgestellt werden.

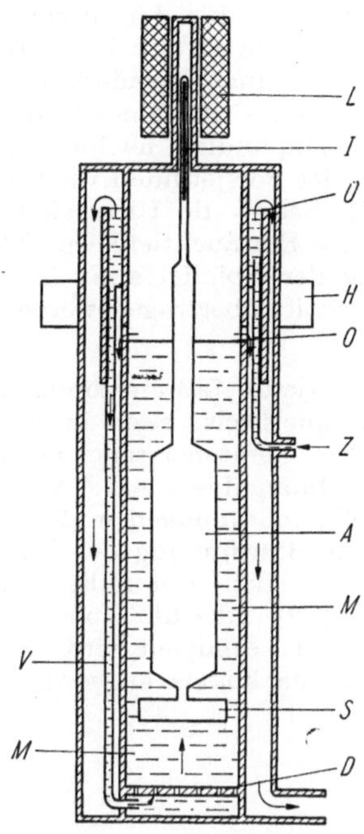

Bild 36. Kontinuierlich messendes Aräometer mit induktivem Meßwandler Typ „Fludilyt" [54]

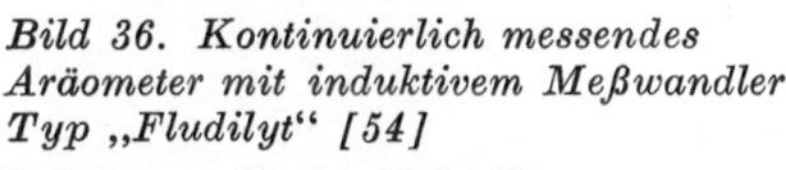
H Halterung für das Meßgefäß
(restl. Buchstaben im Text)

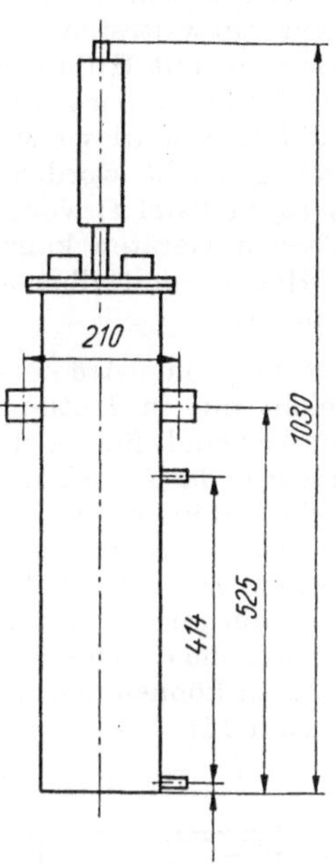

Bild 37. Abmessungen des in Bild 36 gezeigten Gerätes [54]

Die Fa. Fischer & Porter GmbH, Göttingen, liefert ein kontinuierlich messendes Aräometer, das auch noch bei Betriebsdrücken bis zu 7 kp/cm² einsetzbar ist [46]. Dazu muß der Gasraum oberhalb des Überlaufes mit dem Druckraum der Betriebsanlage verbunden werden, wie es das Beispiel in Bild 38 zeigt. Die maximale Betriebstemperatur darf 100 °C, der maximale Durchfluß nur 60 l/h betragen. Neben der Normalausführung für visuelle Ablesung der Eintauchtiefe ist auch für bestimmte Meßbereiche eine Ausführung mit elektronischem Meßumformer verfügbar. Bei dieser Ausführung müssen Durchfluß und Temperatur konstant gehalten werden. Weitere Dichtemeßgeräte nach dem Aräometerprinzip (vgl. auch [RA 26]) werden in der Sowjetunion gebaut; auch die Fa. Krohne, Duisburg [55], liefert ein Gerät dieser Art (Typ D 15/IFR).

Für die Umwandlung der Eintauchtiefenänderung in einen geeigneten Ausgangswert sind bereits die verschiedensten Möglichkeiten diskutiert worden. Ein pneumatischer Ausgangswert läßt sich gewinnen, wenn ein flüssigkeitsgefülltes, oben offenes Aräometer benutzt wird, in das ein Sondenrohr („Perlrohr") eintaucht, das die Änderungen des Niveaus mißt, die durch Eintauchtiefenänderungen verursacht werden ({A 12} in Tafel 4).

Zur Erzeugung elektrischer Ausgangswerte dienen die bei den vorigen Beispielen bereits beschriebenen induktiven Geber ({A 11} in Tafel 4), die in der Praxis am weitesten verbreitet sind. Die Eintauchtiefenänderung läßt sich aber auch mit Hilfe eines Strahlungsdetektors und eines in der Aräometerspindel untergebrachten Strahlers sehr empfindlich nachweisen ({A 13} in Tafel 4). Von dieser Möglichkeit ist in der Sowjetunion wiederholt Gebrauch gemacht worden; vgl. dazu [6]. Selbst die Ultraschallreflexion ({A 14} in Tafel 4) wurde zur Messung der Eintauchtiefe erprobt [4]. Bei einfachen Geräten kann die Bewegung der Spindel auch über mechanische Hebel unmittelbar auf einen Schreibstift übertragen werden ({A 15} in Tafel 4).

Kontinuierlich messende Aräometer, die ohne Überlaufgefäß auskommen und somit nicht nur in Leitungen, sondern beispielsweise auch in Behältern einsetzbar sind, finden sich im Angebot der Gerätehersteller noch nicht. Dabei wurde das erste Patent auf eine Anordnung dieser Art ({A 21} in Tafel 4) schon 1891 erteilt [37]. Bei diesen Meßanordnungen muß die Flüssigkeitsoberfläche selbst als Bezugsmarke zur Bestimmung der Eintauchtiefe dienen. Das ist möglich, indem die Flüssigkeit mit Hilfe von β-Strahlung berührungslos abgetastet (vgl. z. B. [19]) oder die Höhe der Flüssigkeitsoberfläche durch einen zweiten Schwimmer ermittelt wird. Die beiden Schwimmer können nebeneinander [30] [42] oder koaxial angeordnet werden (vgl. Bild 14).

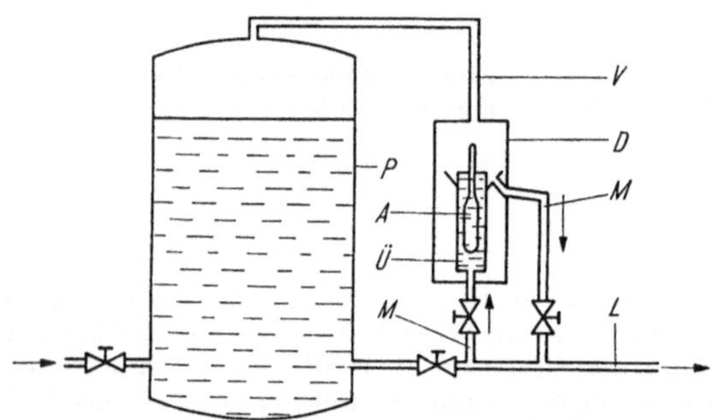

Bild 38. Prinzip des Anschlusses eines Aräometers A mit Überlaufgefäß Ü bei Meßgut unter erhöhtem Druck [46]

D Druckgefäß, *L* Abflußleitung, *M* Meßgutleitungen, *P* Produktbehälter, *V* Verbindungsleitung vom Druckgefäß zu *P*

Die koaxiale Anordnung eines Aräometers mit Hilfsschwimmer zeigt Bild 39 [18]. Dieses Doppelschwimmer-Dichtemeßgerät ({A 21} in Tafel 4) besteht aus dem Aräometer *A*, das infolge seines kleinen Spindelquerschnittes auf Dichteänderungen sehr empfindlich mit Eintauchtiefenänderungen reagiert. Der Hilfsschwimmer *H* hat in Höhe der Flüssigkeitsoberfläche einen sehr großen Querschnitt, so daß er seine Eintauchtiefe mit der Dichte nur wenig ändert. Eine Dichteänderung bewirkt also eine Verschiebung der beiden Schwimmer gegeneinander, die beispielsweise mit Hilfe eines induktiven Gebers in ein elektrisches Ausgangssignal x_a umgewandelt werden kann.

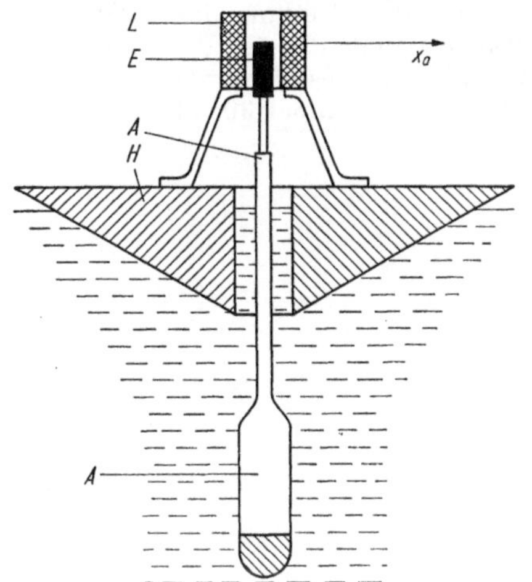

Bild 39. Aräometer nach dem Doppelschwimmerprinzip [18]

E Eisenkern, *L* Induktionsspule (restl. Buchstaben im Text)

4.3.2. Dichtemeßgeräte mit Auftriebskörpern

Eine gute technische Lösung eines Dichtemeßgerätes mit Auftriebskörpern stellen die Gerätetypen D 25/IFR und D 26/IFR ({A 32} in Tafel 4) der Fa. Krohne, Duisburg, dar [25] [55]. Bei diesen Geräten wird die zur Kompensation des unterschiedlichen Auftriebs erforderliche variable Gegenkraft mit Hilfe von Kettchen erreicht. Diese Kettchen *K* (Bild 40) sind einerseits an einem Haltering *H* und zum anderen am Auftriebskörper *A* befestigt. Steigt mit zunehmender Dichte der Auftriebskörper nach oben, so vergrößert sich der Teil des Kettchengewichtes, der vom Auftriebskörper übernommen wird. Damit wird der Auftriebskörper schwerer, bis sich ein neuer Gleichgewichtszustand einstellt. Diese neue Gleichgewichtslage wird mit Hilfe des Eisenkerns *E* und der Induktionsspule *I* in einen elektrischen Ausgangswert umgewandelt.

Voraussetzung für eine einwandfreie Dichtemessung ist die Konstanz des dynamischen Auftriebs. Deshalb wird der Durchfluß durch das Meßrohr *M* bei etwa 60 l/h konstant gehalten. Dabei darf der Gesamtdurchfluß zwischen 250 l/h und 2500 l/h liegen; die überschüssigen Mengen fließen durch das Mantelrohr *R* ab und vereinigen sich im Auslauf wieder mit dem Meßgut.

Die Meßgefäße können im Beipaß oder unmittelbar in der Produktleitung angeordnet werden. Der Betriebsdruck darf maximal 64 kp/cm² betragen. Das Gerät läßt sich sehr empfindlich einstellen; der kleinste Meßbereich ist 0,02 g/cm³. Die Geräte sind mit und ohne Temperaturkompensation verfügbar. Im ersten Fall wird die Normdichte ϱ_N mit einem Grundfehler von $\pm$ 3%, ohne Temperaturkompensation die tatsächliche Dichte ϱ_ϑ mit einem Grundfehler von $\pm$ 2% vom Meßbereich bestimmt. Die Geräte stehen in Ex-Ausführung mit eigensicherem Meßausgang zur Verfügung.

Auch Doppelmantelgefäße für Beheizung oder Kühlung des Meßfühlers sind lieferbar. Übersteigt die Viskosität des Meßgutes 50 cP, so kann nur noch intermittierend in ruhender Flüssigkeit gemessen werden (z. B. alle 5 min), und zwar bis zu einer Viskosität von maximal 300 cP.

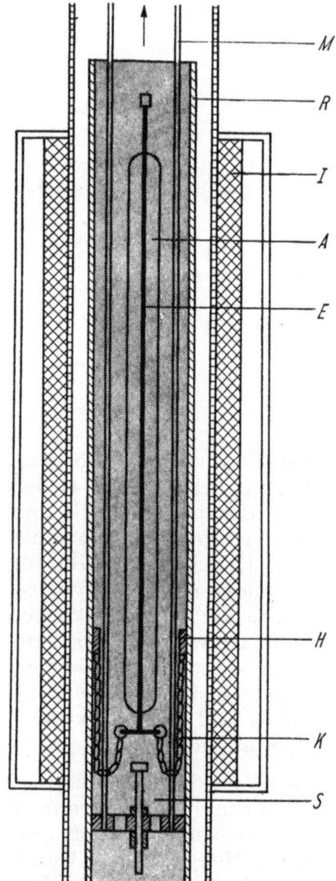

Bild 40. Dichtemeßgerät D 25/IFR nach dem Auftriebsprinzip [55]

M Meßeinsatz, *S* Meßgut

Die progressiv wirkende Gegenkraft, die für Geräte mit völlig eingetauchtem Auftriebskörper erforderlich ist, kann nicht nur durch Kettchengewichte, sondern auf vielerlei verschiedene Weise erzeugt werden. Bekannt sind Verfahren mit einem Hilfsschwimmer, der in Quecksilber eintaucht, mit Federn und mit Elektromagneten (vgl. [RA 26] [3] [24] [39] u. a.). Bei einem Gerät mit magnetisch kraftkompensiertem Auftriebskörper ({A 31} in Tafel 4) soll beispielsweise eine Meßunsicherheit von

± 0,00005 g/cm³ erreicht worden sein [16]; bei einem anderen Gerät gleichen Prinzips liegt für den kleinsten Meßbereich (0,05 g/cm³) die Fehlergrenze bei ± 1% [14].

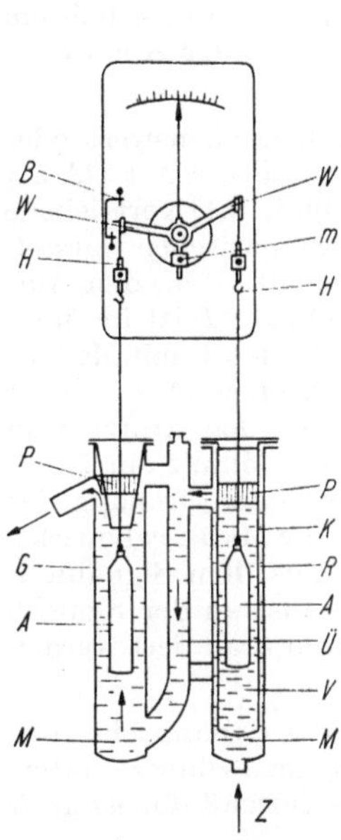

Bild 41. Dichtewaage der Bauart TDWG der Fa. HYDRO [53]

B Ausschlagbegrenzung, **G** Meßgefäß, **H** Aufhängung, **K** Kompensationsgefäß, **P** Paraffinölschutzschicht gegen Verdunstung, **R** Ringrohrgefäß (für Temperaturausgleich), **Ü** Überlaufrohr, **Z** Zufluß (restl. Buchstaben im Text)

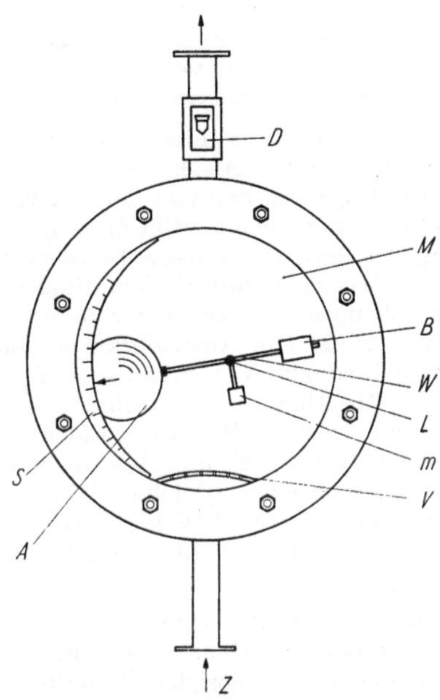

Bild 42. Schematische Darstellung des Dichtemessers für Bier der Fa. E. Thiemt [61] (Hersteller: L. Grefe, Lüdenscheid)

M Meßraum, *Z* Zufluß
(restl. Buchstaben im Text)

Eine weitere Möglichkeit zur Kompensation des mit der Dichte veränderten Auftriebs besteht in der Verwendung von Auftriebswaagen. Ein bekanntes Gerät dieser Art ({A 52} in Tafel 4) liefert die Fa. Hydro, Düsseldorf [53]. Bei Solldichte des Meßgutes befindet sich die Neigungswaage *W* (Bild 41) im Gleichgewicht, da der Auftrieb an beiden Auftriebskörpern *A* gleich groß ist. Ändert sich die Dichte des Meßgutes *M* gegenüber der Dichte der Vergleichsflüssigkeit *V*, so verursachen die ungleich großen Auftriebskräfte ein Drehmoment, bis die am Waagebalken befestigte Masse *m* so weit aus ihrer Ruhelage gebracht ist, daß ein ausreichend großes zusätzliches Drehmoment entsteht und sich eine neue Gleichgewichtslage einstellt. Die Neigung des Waagebalkens kann über ein Hebelsystem angezeigt oder registriert werden; sie läßt sich auch zur Gewinnung elektrischer oder pneumatischer Ausgangssignale ausnutzen.

Der kleinste Meßbereich des Gerätes kann 0,02 g/cm³ (für Sonderbauart sogar 0,002 g/cm³) betragen. Der Grundfehler wird unter günstigen Meßbedingungen mit ± 1% vom Meßbereich angegeben. Der Volumendurchfluß soll zwischen 30 l/h und 300 l/h liegen. Die Normalausführung besitzt eine Temperaturkompensation (vgl. Abschn. 5.4.). Infolge der offenen Bauart läßt sich die Dichtewaage für Flüssigkeiten, die unter erhöhtem Druck stehen, nicht verwenden. Auch muß ein rückstaufreier Abfluß des Meßgutes gewährleistet sein.

In vielen Fällen ist eine völlig geschlossene Bauart wünschenswert oder sogar notwendig. Als Beispiel für eine Auftriebswaage dieser Art ({A 51} in Tafel 4) kann der von der Fa. E. Thiemt, Dortmund, [61] vertriebene Dichtemesser dienen. Bild 42 zeigt dieses Gerät in schematischer Darstellung. Die gesamte Waage, bestehend aus dem Waagebalken W, den Auftriebskörpern A und B, dem Massestück m und dem Lager L ist im Meßraum M untergebracht, der von unten durch ein Verteilersieb V mit Meßgut gefüllt wird. Die Auftriebskörper haben bei etwa gleichen Massen sehr unterschiedliche Volumina, so daß eine Dichteänderung den Auftrieb an beiden Hebelarmen unterschiedlich stark verändert und damit ein Drehmoment erzeugt. Wie im vorigen Beispiel vergrößert eine Drehung des Waagebalkens auch hier das Gegendrehmoment, das die Masse m bewirkt, bis sich eine neue Gleichgewichtslage einstellt, wie aus dem Signalflußplan (Bild 43) ersichtlich ist. Die Neigung der Waage ist an der Skala S abzulesen, die in Dichte- oder Konzentrationseinheiten graduiert werden kann (Bild 44).

Auch hier muß der Durchfluß konstant sein, da sich der dynamische Auftrieb an den Auftriebskörpern infolge der ungleichen Querschnitte unterschiedlich stark auswirkt. Deshalb wird mit Hilfe des Durchflußmessers D

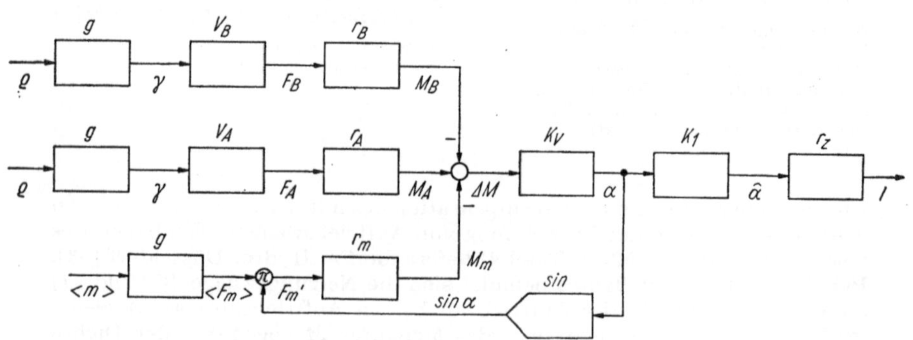

Bild 43. Signalflußplan des in Bild 42 dargestellten Dichtemeßgerätes. Bei Solldichte ist $M_A = M_B$ und $M_m = 0$ (wegen $\alpha = 0$). $V_B < V_A$ (Der Wirkungsweg zur Bildung von M_m könnte auch so dargestellt werden wie in Bild 25 bei M_M.)

γ Wichte, V Volumina der Auftriebskörper, r Kraftarm, r_Z Abstand der Meßmarke vom Drehpunkt, l Weg der Meßmarke auf der Skala, α Drehung des Waagebalkens, F_m' Kraftkomponente senkrecht zum Hebelarm, an dem m befestigt ist;
Indizes: A Auftriebskörper A, B Auftriebskörper B, m Massestück m (aus Bild 42)

(Bild 42) ein konstanter Durchfluß (von max. 300 l/h) eingestellt. Der reduzierte Fehler wird mit ± 1·% angegeben. Der Meßbereich ist dem speziellen Verwendungszweck (in Brauereien) angepaßt. Durch eine abreißsichere magnetische Kupplung kann die Drehbewegung des Waagebalkens auf einen Widerstandsferngeber übertragen werden.

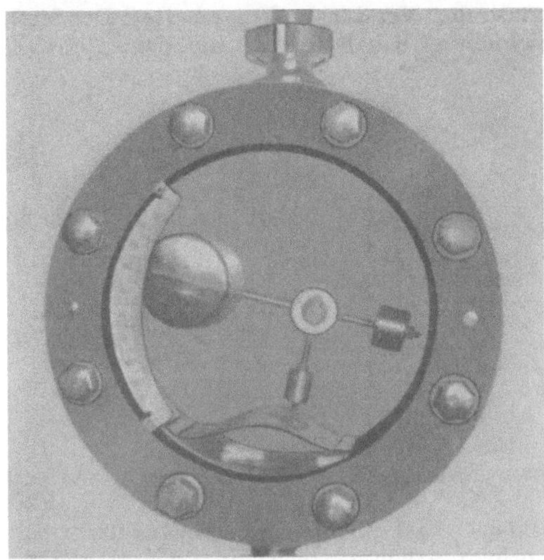

Bild 44. Ansicht des in Bild 42 schematisch dargestellten Gerätes [61]

Eine etwas abweichende Konstruktion, die mit einem Auftriebskörper arbeitet ({A 41} in Tafel 4), der als einarmige Waage ausgebildet ist, wird in [23] beschrieben. Die Bewegungen des Auftriebskörpers werden durch die Rohrwandung aus nichtferromagnetischem Material über eine Magnetkupplung auf einen Waagebalken übertragen, der in ein kraftkompensierendes System eingefügt ist.

Bei einer anderen Gerätekonstruktion wird ebenfalls nur ein Auftriebskörper ({A 53} in Tafel 4) verwendet, aber seine dichtebedingten Bewegungen werden mechanisch aus dem Meßgefäß nach außen übertragen, wo dann auf die verschiedenen bekannten Weisen die erforderliche Kompensationskraft erzeugt werden kann. Bei einem amerikanischen Dichtemeßgerät dieser Art [3] wird ein pneumatisches kraftkompensierendes System benutzt (Bild 45). Der Waagebalken W wird mit Hilfe des abdichtenden Balges B aus dem Meßgefäß herausgeführt; bei D befindet sich sein Drehpunkt. Über das Düse/Prallplatte-System P und das Rückführsystem S werden Bewegungen des Waagebalkens kompensiert. Durch Verschiebung des Reiters R wird das vom Rückführbalg erzeugte Gegendrehmoment verändert und auf diese Weise der gewünschte Meßbereich eingestellt.

Um den kinetischen Auftrieb so klein wie möglich zu halten und auf diese Weise Fehler infolge von Schwankungen des Durchflusses zu reduzieren, wird das Meßgut über ein ringförmiges Verteilerrohr V in die Meßkammer

M geleitet. Es fließt dann in zwei gleichen Teilströmen oben und unten aus der Kammer ab. Der Meßbereich des Gerätes kann zwischen 0,5 g/cm³ und 0,05 g/cm³ liegen.
Ein ähnliches Gerät der Fa. Debro-Werk, Düsseldorf [45], zeigt Bild 46. Hier wird die Abdichtung durch eine Membran *M* erreicht, in deren Mittelpunkt sich der Drehpunkt *D* des Waagebalkens *W* befindet. Vor den Rückführbalg *B* ist noch ein pneumatischer Verstärker *V* geschaltet. Der Meßbereich wird durch eine Verschiebung des Reiters *R* auf dem Hebel *H* eingestellt.

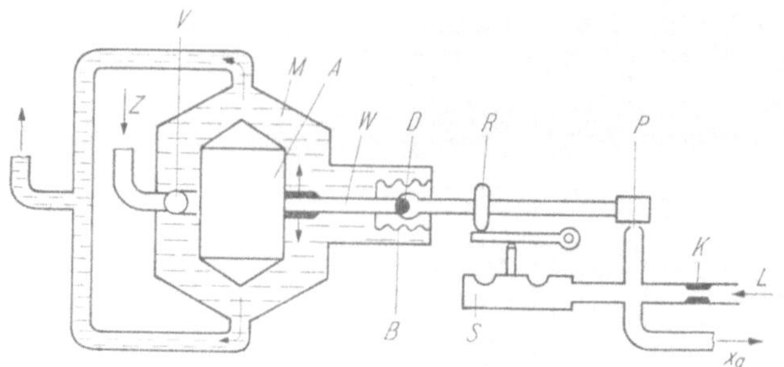

Bild 45. Auftriebskörper A mit pneumatischer Kraftkompensation
K Kopfdüse, *L* Luftversorgung, *Z* Zufluß, x_a Ausgangssignal (Druck) (restl. Buchstaben im Text)

Weitere Geräte mit Auftriebskörper und pneumatischem Meßumformer, die nach dem Kraftvergleichsprinzip arbeiten ({A 53} in Tafel 4), werden von der Frede-Automatic KG [50], von der Fa. Sunvic Regler GmbH [39] [60], von der Fisher Governor Comp. [48] u. a. angeboten. Auch in der DDR ist ein solches Gerät in Erprobung [40].

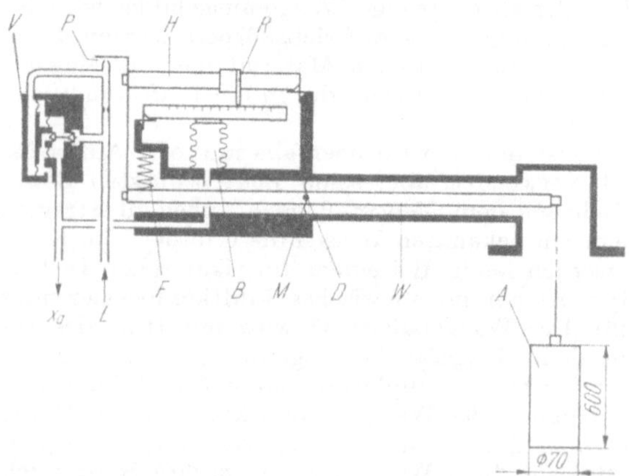

Bild 46. Auftriebskörper-Dichtemeßgerät der Fa. Debro-Werk mit pneumatischer Kraftkompensation [45]
A Auftriebskörper, *F* Feder zur Grundlastkompensation, *L* Luftversorgung, *P* Düse/Prallplatte-System, x_a Ausgangssignal (Luftdruck) (restl. Buchstaben im Text)

4.4. Kernstrahlungs-Dichtemeßgeräte

4.4.1. Geräte mit Absolutmessung der Strahlungsintensität

Die von verschiedenen Firmen produzierten Flüssigkeitsdichtemeßgeräte, in denen die Kernstrahlungsschwächung zur Gewinnung des Meßwertes genutzt wird, unterscheiden sich vor allem in der Methode, wie die in den Detektor gelangende Strahlungsintensität in den elektrischen Ausgangswert umgewandelt wird (vgl. [21]). Für die Lösung dieser Aufgabe gibt es viele Varianten. Hier sollen nur drei Geräte mit besonders häufig angewandten Meßverfahren beschrieben werden.

Dichtemeßgeräte nach dem Absolutmeßverfahren ({K 10} in Tafel 4) sind dadurch gekennzeichnet, daß das aus dem Detektor kommende Signal zunächst in voller Höhe verstärkt wird. Der Verstärker gibt also ein Ausgangssignal ab, das direkt proportional der absoluten einfallenden Strahlungsintensität ist. Als Detektoren werden in diesen Geräten jetzt überwiegend Szintillationszähler benutzt.

Das geschilderte Meßprinzip wird beispielsweise im Dichtemeßgerät DAS/E 15 vom Laboratorium Prof. Dr. Berthold [56] angewandt. Das Gerät besitzt eine neuartige Stabilisierungsschaltung, bei der die Spannung des Sekundärelektronenvervielfachers mit Hilfe einer bestimmten γ-Linie automatisch auf eine konstante Impulshöhe eingestellt wird, um alle Schwankungen und Alterungserscheinungen im Szintillationszähler auszugleichen. Bei einem ^{137}Cs-Strahler mit einer Aktivität von 500 mCi und einer Meßstreckenlänge [d in Gl. (20)] von 500 mm beträgt der kleinste Meßbereich 0,02 g/cm^3, und die Meßunsicherheit soll bei $\pm$ 0,08% liegen. Damit lassen sich Dichteänderungen von 0,0003 g/cm^3 noch nachweisen. Dabei ist eine Wanddicke (d_w in Gl. 20) von 5 mm (Eisen) und eine mittlere Dichte von 1 g/cm^3 angenommen. Die Zeitkonstante ist auf 4 s, 30 s oder 60 s einstellbar. Der Nullpunkt kann elektronisch unterdrückt werden. Eine Temperaturkompensation ist vorgesehen.

Weitere Geräte dieses Typs sind der „Strahlungsdichtemesser DH 60“ der Fa. L. Krohne, Duisburg [55], und der „Trübedichtemesser IPPS-1“ aus der Sowjetunion, bei dem Halogenzählrohre als Detektoren benutzt werden [7]. Auch in England („Isotope Developments Ltd.“) und in der VR Polen werden derartige Geräte gebaut [6].

4.4.2. Kernstrahlungs-Dichtemeßgeräte mit Spannungskompensation

Ein Kernstrahlungs-Dichtemeßgerät nach dem Prinzip der Spannungskompensation ({K 22} in Tafel 4) ist das Gerät FH 46 (Frieseke & Hoepfner, Erlangen) [51]. Als Strahlungsdetektor findet eine Ionisationskammer I (Bild 47) Verwendung. Der durch die einfallende Strahlung verursachte Ionisationsstrom, der von der Dichte des Meßgutes abhängt, fließt über den hochohmigen Arbeitswiderstand R ab, an dem ein bestimmter Spannungsabfall U_M entsteht. Dieser Spannung wird die mit Hilfe einer Konstantspannungsquelle U und eines Potentiometers P gewonnene Kompensationsspannung U_K entgegengeschaltet. Bei Solldichte ist $U_M = U_K$, und der Verstärkereingang bleibt spannungslos. Ändert sich die Meßgutdichte, so entsteht eine Differenzspannung ΔU, die verstärkt und phasenempfindlich gleichgerichtet zur Anzeige gebracht werden kann (Abweichungsanzeige) oder für die Gewinnung von Regelsignalen auszunutzen ist.

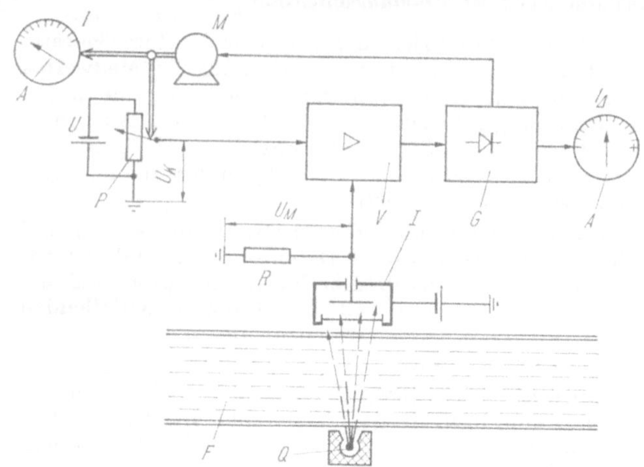

Bild 47. Schema eines Kernstrahlungs-Dichtemeßgerätes nach dem Prinzip der Spannungskompensation (mit Istwertanzeige l oder Abweichungsanzeige l_Δ)

A Anzeige, F Flüssigkeit mit der Dichte ϱ, Q Strahlenquelle, V Verstärker (restl. Buchstaben im Text)

Besteht die Forderung nach einer Istwertanzeige, so wird das aus dem Gleichrichter G kommende Signal einem Servomotor M zugeführt, mit

a)

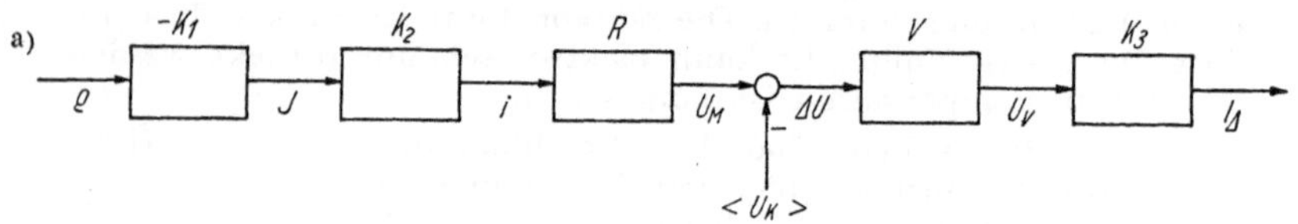

b)

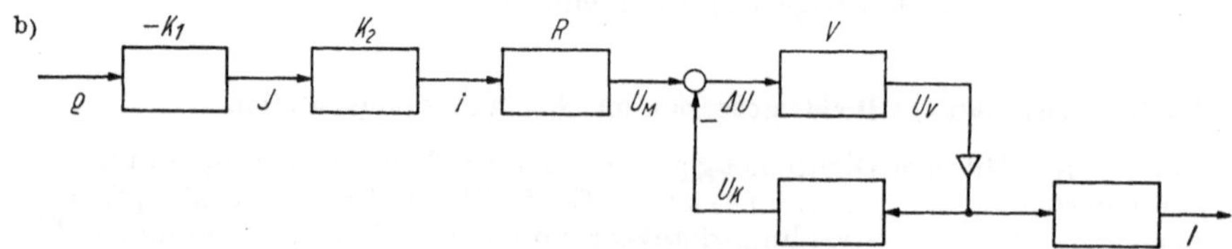

Bild 48. Signalflußplan der in Bild 47 gezeigten Meßanordnung

a Abweichungsanzeige mit konstant eingestelltem Sollwert (U_K = const) (Es fehlt der Motor M und das daran angeschlossene Anzeigegerät A in Bild 47)

b Istwertanzeige (Nullverfahren) durch automatische Verstellung des Potentiometers P mit Hilfe des Motors M

R Widerstand von R in Bild 47, V Verstärkungsfaktor des Verstärkers, U_V Ausgangsspannung des Verstärkers, l_Δ Ausschlag des Zeigers der Abweichungsanzeige, l Istwertanzeige (= Potentiometerstellung oder davon abgeleiteter Wert x_a)

dessen Hilfe das Potentiometer so lange verstellt wird, bis U_K wieder so groß ist wie U_M, (d. h. $\Delta U = 0$). Die Stellung des Potentiometers bzw. eines auf der gleichen Achse angeordneten Gebers ist dann ein Maß für die Dichte und wird in gewohnter Form als Ausgangssignal benutzt und weiterverarbeitet. Bild 48 zeigt den Signalflußplan dieses Gerätetyps.

Als Strahlungsquelle wird ^{137}Cs und zum Teil auch ^{60}Co benutzt; die Aktivitäten liegen zwischen 100 mCi und 1000 mCi. Als kleinster Meßbereich kann 0,01 g/cm³ eingestellt werden, womit sich Dichteänderungen von 0,001 g/cm³ noch sicher nachweisen lassen. In dieser Größenordnung liegt auch die Fehlergrenze. Eine Temperatur- und Druckkompensation ist möglich.

Auch das Dickenmeßgerät VA-T-70 B, das nach dem gleichen Meßprinzip arbeitet [RA 58] [35] [62], wird als Dichtemeßgerät eingesetzt. Die als Detektor benutzte Kammer hat einen Fülldruck von etwa 50 kp/cm².

Weitere Dichtemeßgeräte dieses Typs werden in England, Frankreich, Belgien, Jugoslawien, Ungarn und Rumänien produziert. Aus den USA sind besonders die Gerätesysteme „AccuRay 300“ (Industrial Nucleonics Corp., Columbia, Ohio) und „Qualicon 5060“ (Nuclear Chicago Corp., Des Plaines, Ill.) erwähnenswert [6].

4.4.3. Dichtemeßgeräte mit Strahlkompensation

Als Beispiel für ein Kernstrahlungs-Dichtemeßgerät mit Strahlkompensation ({K 21} in Tafel 4) sei hier das Dichtemeßgerät vom Typ 4414-11 der Fa. AEG-Telefunken, Heiligenhaus, [8] [43] kurz behandelt (Bild 49).

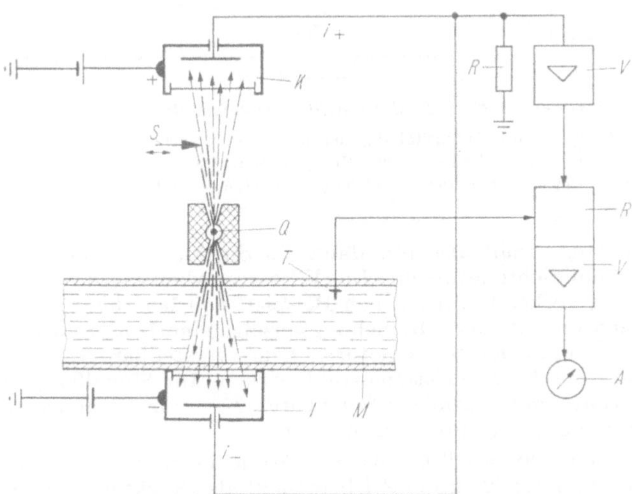

Bild 49. Schema eines Kernstrahlungs-Dichtemeßgerätes nach dem Prinzip der Strahlkompensation

A Anzeige, *I* Ionisationskammer für die Meßstrahlung, *M* Meßgut, *R* Rechenschaltung für Temperaturkompensation, *S* Schwächungskeil für Kompensationsstrahlung, *V* Verstärker, *T* Thermometer für Temperaturkompensation (restl. Buchstaben im Text)

Geräte dieser Art sind dadurch gekennzeichnet, daß sie zwei (meistens gleichartige) Detektoren besitzen. Die Strahlung der Meßstrahlenquelle Q (oder einer besonderen Kompensationsstrahlenquelle) erzeugt im Kompensationsdetektor K ebenfalls einen Ionenstrom. Die Ionisationskammern sind entgegengesetzt gepolt, so daß aus der einen Kammer positive Ionen (i_+), aus der anderen Kammer Elektronen (i_-) abfließen. Sind die erzeugten Ionenströme gleich, so kompensieren sich i_+ und i_-, und über den Arbeitswiderstand R fließt kein Strom. Dieser Zustand wird bei Solldichte des Meßgutes in der Meßstrecke durch Veränderung der zum Kompensationsdetektor gelangenden Strahlungsintensität (mit Hilfe von Blenden, Keilen oder Abstandsänderungen) hergestellt.

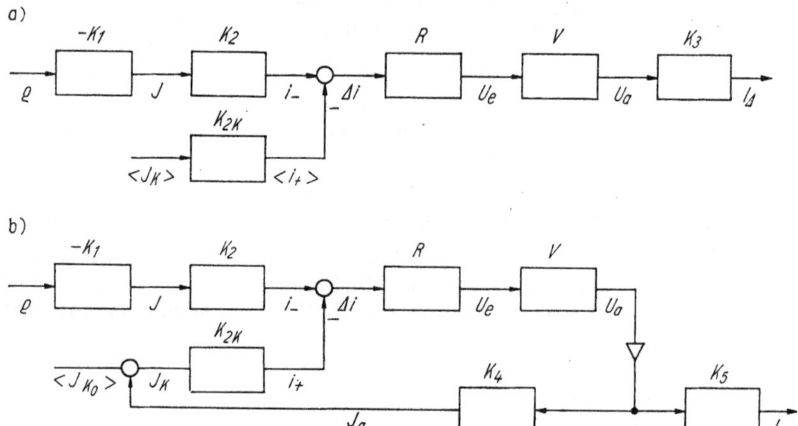

Bild 50. Signalflußplan des in Bild 49 dargestellten Dichtemeßgerätes

a Abweichungsanzeige l_Δ (konstante Intensität J_K der Kompensationsstrahlung)
b Istwertanzeige l (Absorption eines Teiles J_a der Kompensationsstrahlung J_{Ko} durch Verschiebung des Keils S in Bild 49 durch einen — nicht gezeichneten — Motor)

Der Verstärkereingang erhält also nur dann ein Signal, wenn die Meßgutdichte von der Solldichte abweicht. Die Weiterverarbeitung dieses Signals erfolgt wie im vorher beschriebenen Beispiel. Soll bei Geräten mit Strahlkompensation anstelle der Abweichungsanzeige eine Istwertanzeige realisiert werden, so muß der Servomotor auf das verstellbare Element (Blende, Keil usw.) im Kompensationsstrahl wirken. Im Signalflußplan (Bild 50) ist ein Gerät mit einem verschiebbaren Keil zur Veränderung der Vergleichsstrahlungsintensität angenommen.

Normalerweise dienen 500 mCi ^{137}Cs als Strahlenquelle und eine argongefüllte Ionisationskammer (25 kp/cm^2 Überdruck) als Detektor. Die Ansicht des Gerätes (Bild 51) läßt die Anordnung der wichtigsten Bauteile an der Meßgutleitung erkennen. Bei normalen Meßbedingungen sind Dichteänderungen von 0,001 g/cm^3 gut nachweisbar. Der Meßwert eines Platinwiderstandsthermometers wird benutzt, um eine Temperaturkompensation zu erreichen.

Das gleiche Meßprinzip wird auch in den sowjetischen Dichtemeßgeräten PShR-5 und IPP-1 [7] und den tschechischen Geräten MOV-1 und MOV-2 angewandt. In den USA fertigen die Firmen „Isotops Products", Buffalo, N. Y., und „The Ohnmart Corp." Cincinnati, Ohio, Geräte dieses Typs [6].

Bild 51. Ansicht des Dichtemeßgerätes der AEG [43]

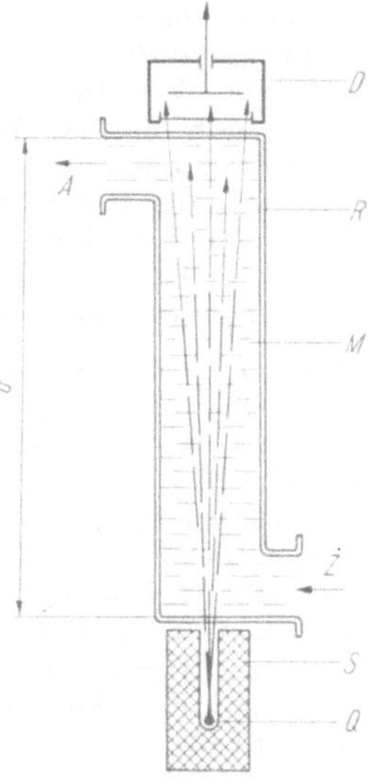

Bild 52. Meßstreckenanordnung mit Längsdurchstrahlung der Rohrleitung R

A Abfluß, *D* Detektor, *M* Meßgut, *Q* Strahlungsquelle, *S* Strahltubus (zur Ausblendung eines engen Bündels), *Z* Zufluß

Neben den drei beschriebenen Gerätetypen gibt es noch eine ganze Reihe industriell gefertigter Geräte, in denen abgewandelte Verfahren zur Gewinnung des Ausgangssignals angewendet werden. Hier sind insbesondere verschiedene Verfahren zum automatischen Abgleich der Geräte in bestimmten Zeitintervallen technisch interessant [6]. In den letzten Jahren haben die Kernstrahlungs-Dichtemeßgeräte einen solchen Entwicklungsstand erreicht, daß, dank der hohen Funktionstüchtigkeit und Zuverlässigkeit, auch komplizierte Meßprobleme lösbar geworden sind.

4.4.4. Gestaltung der Meßstrecke von Kernstrahlungs-Dichtemeßgeräten

Bei der Gestaltung der Meßstrecke ist vor allem darauf zu achten, daß sie eine Länge d_{opt} bekommt, mit der eine maximale Empfindlichkeit erzielt wird (vgl. Abschn. 5.5.) und für die der statistische Fehler möglichst klein wird. Bei Rohrleitungen mit großem Querschnitt wird das oft schon mit einer Durchstrahlung des Rohres quer zur Strömungsrichtung erreicht (vgl. Bild 18). Bei kleineren Rohrdurchmessern führt eventuell eine Schrägdurchstrahlung zum Ziel. Das Rohr kann an der Meßstelle auch im Durchmesser erweitert werden.

Wird das Verhältnis zwischen Rohrdurchmesser und erforderlicher Meßstreckenlänge d zu ungünstig, ist es zweckmäßig, das Rohr in Längsrichtung zu durchstrahlen, wie es Bild 52 zeigt. Auf diese Weise ist jeder beliebige Wert für d zu erreichen. Dabei muß dafür gesorgt werden, daß der Querschnitt des Meßgefäßes R groß genug ist, um eine stärkere Strahlungsstreuung an der Rohrwand zu vermeiden. Dieser Querschnitt richtet sich nach der Bündelung der Strahlung und der Länge d. Bei einer 700 mm langen Meßstrecke mit einem Strahltubus, dessen Öffnung 120 mm lang ist und einen Durchmesser von 10 mm hat, muß das Meßgefäß mindestens einen Durchmesser von 100 mm aufweisen.

Bei der einfachen Querdurchstrahlung von Meßgutleitungen lassen sich Strahler und Detektor relativ leicht nachträglich an der Rohrleitung anbringen. Wichtig sind dabei sehr solide, starre Befestigungen, die Geometriefehler ausschließen. In den anderen Fällen sind entsprechende Veränderungen an der Meßgutleitung vorzunehmen. Meistens sind auch eine Umgehungsleitung für die Meßstrecke und die dazugehörigen Schieber vorteilhaft, insbesondere im Hinblick auf die Abgleichprobleme (vgl. S. 70). Außerdem sind in jedem Fall die Belange des Strahlenschutzes zu berücksichtigen, die zwar keine besonderen Schwierigkeiten mit sich bringen, die aber den gesetzlichen Bestimmungen genügen müssen [RA 58] [5].

5. Empfindlichkeit und Genauigkeit von Dichtemeßgeräten

5.1. Charakteristische Parameter von Betriebsmeßgeräten

* Jedes technische Gerät dient einem bestimmten Zweck, und die mehr oder weniger gute Eignung des Gerätes für die Erfüllung der gestellten Aufgaben ist durch bestimmte Geräteeigenschaften bedingt. Welche dieser Eigenschaften die wichtigste Rolle spielt, hängt in erster Linie von der Aufgabenstellung ab. So kann die Masse eines Gerätes bei ortsfestem Einbau ziemlich unwesentlich, bei einem transportablen Gerät dagegen ausschlaggebend für seinen Gebrauchswert sein.

Bei Betriebsmeßgeräten gibt es mehrere technische Parameter, die völlig unabhängig von Meßgröße und Gerätetyp in jedem Fall eine besondere Aussagekraft besitzen und deren Kenntnis beispielsweise für einen wissenschaftlich begründeten Gerätevergleich unerläßlich ist. Nur wenn diese Parameter bekannt sind, ist ein zweckmäßiger Geräteeinsatz möglich. Zu diesen Parametern gehören *Empfindlichkeit*, *Meßfehler*, *Meßbereich*, *Einsatzbereich* und *Zeitverhalten* des Meßgerätes (vgl. [RA 54)].

Die *Empfindlichkeit* eines Meßgerätes ist die Änderung der Anzeige (in Maßeinheiten einer Länge) bezogen auf die sie verursachende Änderung der Meßgröße (in Maßeinheiten dieser Größe). Die Empfindlichkeit hat also eine Dimension und kann nicht in Prozenten angegeben werden. Die Empfindlichkeit eines Fieberthermometers, dessen Meniskus sich bei einer Temperaturerhöhung von 37 °C auf 39 °C um 18 mm verschiebt, ist also 9 mm/grd. Bei Zeigerinstrumenten läßt sich die Empfindlichkeit schon durch Verlängerung des Zeigers erhöhen. Diese Empfindlichkeitsangabe ist demnach für die Charakterisierung eines Meß v e r f a h r e n s ungeeignet. Für ein tieferes Eindringen in die Zusammenhänge ist es zweckmäßig, die Empfindlichkeit etwas allgemeiner zu definieren, nämlich als Änderung einer Wirkung *Wi*, bezogen auf die entsprechende Änderung ihrer Ursache *Ur*. Zur Unterscheidung von der oben definierten Empfindlichkeit sei sie hier als Nachweisempfindlichkeit S bezeichnet:

$$S = \frac{\Delta\, Wi}{\Delta\, Ur}. \tag{27}$$

Die Nachweisempfindlichkeit kann für jeden einzelnen Wirkungsschritt, d. h. für jedes Übertragungsglied im Signalflußplan (vgl. S. 21), gesondert angegeben werden. Bei linearen Übertragungsgliedern ist S identisch mit dem Übertragungsfaktor, also mit der Steigung der statischen Kennlinie. Folgen im Wirkungsablauf mehrere Übertragungsglieder hintereinander, so ist die Gesamtempfindlichkeit S das Produkt der Nachweisempfindlichkeiten S_i (der Übertragungsfaktoren) der einzelnen Glieder:

$$S = \prod_{i=1}^{n} S_i\,. \tag{28}$$

Die Zerlegung der Nachweisempfindlichkeit in Teilempfindlichkeiten kann außerordentlich wertvolle Hinweise dafür geben, auf welche Weise die Gesamtempfindlichkeit einer Meßanordnung erhöht werden kann.

Bei den *Meßfehlern* sind zunächst *statische* und *dynamische Fehler* zu unterscheiden, wobei die letzteren aus dem Zeitverhalten eines Gerätes resultieren. Der statische Fehler δM ist die Differenz zwischen dem gemessenen und dem wahren Wert der Meßgröße M. In Einheiten der Meßgröße gemessen nennt man ihn *absoluten Fehler*, bezogen auf den Meßbereich *reduzierten Fehler* und bezogen auf den wahren Wert der Meßgröße *relativen Fehler* (die letzten beiden in Prozenten angegeben).

Auf die vielfältigen Möglichkeiten, die Fehler nach ihren Ursachen weiter aufzuteilen, und auf die Fragen, die mit der statistischen Fehlerbetrachtung zusammenhängen, soll hier nicht weiter eingegangen werden. Für die Charakterisierung von Meßgeräten ist jedoch die Angabe der *Fehlergrenzen* wichtig. Dies sind die zulässigen bzw. vom Gerätehersteller garantierten maximalen Abweichungen des angezeigten Wertes vom wahren Meßwert. Bezogen auf den Meßbereich, d. h. als reduzierte Fehler in Prozenten angegeben, stellen sie die *Klassengenauigkeit* des betreffenden Gerätes dar (vgl. [RA 54]).

Der *Meßbereich* ist der Bereich der Meßwerte, die von einem Meßgerät mit einem innerhalb der Fehlergrenzen liegenden Fehler abgelesen werden können. Es ist also der Bereich, innerhalb dessen Grenzen sich die Meßgröße ändern darf, ohne für das Meßgerät unerfaßbar zu werden. Bei einer vorgegebenen Skalenlänge l_{Sk} ist für ein anzeigendes Meßgerät nach dem Absolutmeßverfahren die maximal mögliche Nachweisempfindlichkeit $S_{\max}$ durch den Meßbereich M_B begrenzt:

$$S_{\max} = l_{Sk}/M_B \,. \tag{29}$$

Deswegen sind beispielsweise Prospektangaben über den *kleinsten Meßbereich* eine ausreichende Information über die Empfindlichkeit. Weiß man, welche Meßmarkenverschiebung Δl_M noch mit Sicherheit als echte Anzeigeänderung (nicht als statistische Schwankung) wahrgenommen werden kann, so ist über $S_{\max}$ auch die kleinste nachweisbare Meßgrößenänderung $\Delta M_{\min}$, die *Meßschwelle,* zu ermitteln; sie beträgt

$$\Delta M_{\min} = \Delta l_M / S_{\max} = \frac{\Delta l_M}{l_{Sk}} \cdot M_B \,. \tag{30}$$

$\Delta M_{\min}$ hat die Maßeinheit der Meßgröße. Will man die Meßschwelle in Prozenten angeben, so ist sie auf die Meßgröße zu beziehen:

$$(\Delta M_{\min})_{\text{rel}} = \frac{\Delta l_M}{l_{Sk}} \cdot \frac{M_B}{M} \cdot 100\,\% \,. \tag{31}$$

Da $(\Delta M_{\min})_{\text{rel}}$ auch eine Aussage über $S_{\max}$ enthält, könnte evtl. dieser Wert gemeint sein, wenn in den Angaben mancher Gerätehersteller Empfindlichkeitsangaben in Prozenten auftauchen.

Der *Einsatz-* oder *Arbeitsbereich* M_A eines Meßgerätes ist der gesamte Änderungsbereich der Meßgröße, innerhalb dessen Grenzen der Meßbereich liegen kann. Ist der Meßbereich fest vorgegeben, so ist $M_A = M_B$. Häufig sind aber verschiedene Meßbereiche einzustellen. Die Schnellwaagen in unseren Geschäften z. B. sind Neigungswaagen, die meistens einen Meßbereich $M_B = 1$ kg haben. Durch Auflegen von Massestücken auf die dafür bestimmte Schale kann der Meßbereich jedoch nach oben verschoben werden. Dürfen im Höchstfall Massestücke von insgesamt $m_{\max} = 5$ kg aufgelegt werden (Belastbarkeitsgrenze!), so ist der Arbeitsbereich dieser Waage $M_A = M_B + m_{\max} = 6$ kg.

Kontinuierliche Dichtemeßgeräte haben sehr oft eine Möglichkeit, den Meßbereich zu verschieben. Dann sind durch die kleinste und die größte überhaupt meßbare Dichte (wenn der Meßbereich am weitesten nach unten bzw. nach oben verschoben ist) die Arbeitsbereichsgrenzen festgelegt.

Die Angabe des *dynamischen Verhaltens* (des *Zeitverhaltens*) einer Meßeinrichtung sagt etwas darüber aus, wie die Anzeige des Gerätes einer zeitlichen Änderung der Meßgröße folgt. Zur Beschreibung des Zeitverhaltens von Meßgeräten dienen die gleichen Kennwerte, wie sie auch für andere Regelkreisglieder benutzt werden. Deshalb genügt hier der Hinweis auf die entsprechende Literatur, z. B. [RA 1] [RA 34].

Eine besondere Rolle spielt in der Meßtechnik die *Einstellzeit*. Das ist die Zeit, die nach einer sprungförmigen Änderung der Meßgröße vergeht, bis die Anzeige sich nur noch um max. 5% vom stationären Endwert unterscheidet [RA 34]. Sie wird mit $T_{5\%}$ (zuweilen auch $T_{95\%}$) bezeichnet. Die Abweichungen zwischen realem und idealem dynamischen Verhalten ergeben die *dynamischen Fehler*. Dabei wird für Meßeinrichtungen ein verzögerungsfrei proportionales Verhalten im allgemeinen als ideal angesehen. Dazu müßte $T_{5\%} \rightarrow 0$ gehen. In der Praxis genügt es aber, wenn die Einstellgeschwindigkeit nach einer sprungförmigen Meßgrößenänderung groß ist gegenüber der Änderungsgeschwindigkeit, die im normalen Betrieb bei der Meßgröße auftritt. Solche Meßgeräte sind ausreichend flink und brauchen meistens hinsichtlich ihres dynamischen Verhaltens nicht näher untersucht zu werden, solange sie nicht in Regelkreisen eingesetzt werden. *

5.2. Allgemeine Fehlerquellen bei der Flüssigkeitsdichtemessung

Unter allgemeinen Fehlerquellen sollen diejenigen Fehlerursachen verstanden werden, die unabhängig vom angewandten Meßverfahren in jedem Fall berücksichtigt werden müssen, wenn aus einem Dichtemeßwert die Aufgabengröße ermittelt wird. Physikalisch betrachtet sind es nicht nur Meßfehler im eigentlichen Sinn, sondern es handelt sich z. T. auch um die Berücksichtigung bestimmter Meßbedingungen, die das Meßergebnis beeinflussen.

Mit einem Dichtemeßgerät kann unabhängig von seiner Konstruktion stets nur die tatsächliche mittlere Dichte eines bestimmten Flüssigkeitsvolumens gemessen werden, sofern keine gerätebedingten Fehler auftreten. *Tatsächliche Dichte* heißt, daß zunächst die Dichte bei der Temperatur, die das Meßgut hat, und bei dem Druck, unter dem es steht, erfaßt wird. Der *Druckeinfluß* kann dank der geringen Kompressibilität von Flüssigkeiten in den meisten Fällen vernachlässigt werden. Bei Wasser beispielsweise ergibt eine Druckerhöhung um 1 kp/cm² erst eine Vergrößerung der Dichte um 0,005%. Deshalb ist nur in wenigen Geräten eine Kompensation des Druckeinflusses vorgesehen, z. B. [51].

Eine große Rolle spielt der *Temperatureinfluß*. Eine Abschätzung dieses Einflusses ist mit Hilfe des Wärmeausdehnungsgesetzes für Flüssigkeiten in der Form

$$V_\vartheta = V_N \, (1 + \beta \cdot \Delta\vartheta) \tag{32}$$

leicht möglich. Hier ist $\Delta\vartheta$ (in grd) die Differenz ϑ °C — 20 °C, V_N das Flüssigkeitsvolumen bei 20 °C, V_ϑ ihr Volumen bei ϑ °C ($\vartheta > 20$) und β der kubische Ausdehnungskoeffizient (für Wasser z. B. $\beta \approx 0{,}00018\ \text{grd}^{-1}$). Wird die thermische Ausdehnung der anderen Bestandteile vernachlässigt, so ist die Normdichte $\varrho_N = m/V_N$ und die Flüssigkeitsdichte bei der Temperatur ϑ °C entsprechend $\varrho_\vartheta = m/V_\vartheta$.

Daraus folgt

$$\varrho_\vartheta = \frac{\varrho_N}{1 + \beta \cdot \Delta\vartheta}. \tag{33}$$

Für kleine Temperaturdifferenzen $\Delta\vartheta$ (bei Wasser z. B. bis etwa 50 grd, bei geringeren Genauigkeitsforderungen auch bis zu 100 grd) kann in Gl. (33), wenn man ihr die Form

$$\varrho_\vartheta = \varrho_N \left(1 - \frac{\beta \Delta\vartheta}{1 + \beta \Delta\vartheta}\right)$$

gibt, im Nenner $1 \gg \beta \cdot \Delta\vartheta$ angenommen werden, so daß sich der Zusammenhang zwischen Dichte und Temperatur als annähernd linear ergibt:

$$\varrho_\vartheta \approx \varrho_N (1 + 20\,\beta) - \varrho_N \beta\vartheta. \tag{34}$$

Für Wasser beispielsweise ist (bei $\Delta\vartheta \leqq 50$ grd)

$$\varrho_\vartheta \approx 1{,}0016 - 0{,}00018\,\vartheta \tag{35}$$

($\varrho_N = 0{,}998$ g/cm³; ϱ in g/cm³; ϑ in °C).

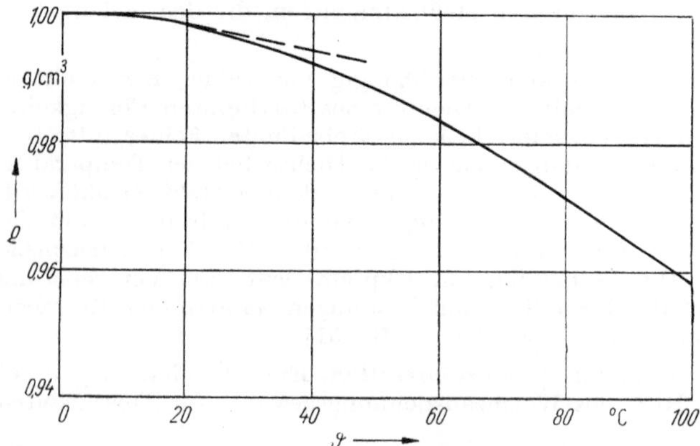

Bild 53. Abhängigkeit der Dichte ϱ von Wasser von der Temperatur ϑ (nach Werten bei [1])

Die gestrichelte Kurve gibt diese Abhängigkeit nach Gl. 35 berechnet wieder

Diese Kurve stimmt mit der aus experimentellen Werten erhaltenen Kurve in Bild 53 nur in der Nähe des Bezugspunktes gut überein. Diese Betrachtungen gelten natürlich nur für konstante Ausdehnungskoeffizienten β. Bei Zweistoffsystemen treten dichteabhängige Ausdehnungskoeffizienten auf, wodurch die Berechnungen komplizierter werden (vgl. z. B. [33]).

Der Einfluß der Temperatur auf die Dichte ist demnach so groß, daß er in vielen Fällen bei der Dichtemessung berücksichtigt werden muß. Wie dies geschehen kann, wird im Abschn. 5.4. näher ausgeführt.

Die Feststellung, daß bei jeder Dichtemessung stets nur die mittlere Dichte eines bestimmten Volumens gemessen werden kann, bedeutet zweierlei: Dichteabweichungen außerhalb des erfaßten Volumens können nicht erkannt werden, und Dichtegradienten innerhalb dieses Volumens werden ebenfalls nicht wahrgenommen. Häufig ist dies ohne Bedeutung, z. B. bei homogenem Meßgut oder bei gut durchmischten inhomogenen Flüssigkeiten. In Behältern mit nahezu ruhendem Meßgut oder bei unzweckmäßigem Anschluß des Beipasses, in dem das Meßgerät liegt, können jedoch Dichteunterschiede auftreten, die zu Meßfehlern Anlaß geben, wenn sie unerkannt bleiben.

Bei der *Mittelwertbildung*, die bei jedem Dichtemeßverfahren zwangsläufig durchgeführt wird, ist die zeitliche und räumliche Mittelung zu unterscheiden. Die *zeitliche Mittelwertbildung* wirkt sich auf das im Abschn. 5.6. zu behandelnde Zeitverhalten aus. Die *räumliche Mittelung* hat zur Folge, daß scharf lokalisierte Dichteinhomogenitäten kleinerer Abmessungen als solche nicht erkannt werden und folglich zu Meßfehlern führen.

Die wichtigste Fehlerquelle dieser Art sind *Gasblasen* in der Flüssigkeit, die den Meßwert gegenüber der tatsächlichen Dichte der gasfreien Flüssigkeit erheblich herabsetzen können. Dieser Fehler läßt sich auch auf keinerlei Weise kompensieren, sondern das Meßgut muß in jedem Fall vor der Messung entgast werden, sofern es sich nicht um eine Messung handelt, bei der gerade der Gasgehalt die Aufgabengröße ist.

In entgegengesetzter Richtung, aber ebenso störend, wirken sich suspendierte *Feststoffteilchen* oder andere Stoffe abweichender Dichte in der Flüssigkeit aus, wenn die Dichte der reinen, feststofffreien Flüssigkeit gesucht wird. Ist eine Feststoffkonzentration die Aufgabengröße der Dichtemessung, so verursacht der Feststoff nur dann Meßfehler, wenn seine Reindichte unerkannten Schwankungen unterliegt. Auch für die Vermeidung der durch Fremdstoff- und Schmutzteilchen verursachten Meßfehler gibt es nur eine Möglichkeit, nämlich das Meßgut vor der Messung entsprechend zu reinigen.

5.3. Einzelne typische Fehlerquellen bei bestimmten Meßverfahren

5.3.1. Fehlerquellen bei den Wägeverfahren zur Dichtemessung

Während die im vorigen Abschnitt zusammengestellten Fehlerursachen unabhängig vom jeweiligen Meßverfahren waren, gibt es selbstverständlich noch eine Reihe von Fehlereinflüssen, die in der Art des angewandten Meßverfahrens begründet sind. Die *verfahrensbedingten Fehlerquellen* zu kennen ist Voraussetzung für eine sachkundige Auswahl des Meßverfahrens, das für die Lösung einer bestimmten Meßaufgabe am zweckmäßigsten ist. Darüber hinaus sind schließlich noch die *gerätebedingten Fehler* zu berücksichtigen, die in Unzulänglichkeiten bestimmter Gerätekonstruktionen liegen. Sie müssen bei der Festlegung des einzusetzenden Gerätetyps ebenfalls beachtet, können allerdings in der folgenden Betrachtung nicht berücksichtigt werden.

Bei den Wägeverfahren kommt es darauf an, daß das Meßgefäß stets vollständig gefüllt ist. Gasblasen, die an der Gefäßwand haften bleiben, verkleinern den gemessenen Wert. Abweichungen in entgegengesetzter Richtung werden durch auskristallisierende Salze und absetzenden Feststoff verursacht. Beim Einsatz der Dichtemessung zur Bestimmung von Feststoffkonzentrationen strömender Aufschwemmungen und Suspensionen ist auch noch zu berücksichtigen, daß sich die Flüssigkeit mit höherer Geschwindigkeit bewegt als der Feststoff. Bei Meßgefäßen in der Form längerer Rohre werden dadurch höhere Feststoffkonzentrationen vorgetäuscht. Mechanisch aggressive Medien, z. B. Sandaufschwemmungen, können das Meßgefäß angreifen und im Laufe der Zeit sein Volumen und seine Eigenmasse verändern.

Ein kritischer Punkt bei den Wägeverfahren ist der Übergang von der Meßgutleitung zum beweglichen Meßgefäß, insbesondere bei Meßgut, das unter höherem Druck steht. Selbstverständlich ist die Frage der freien Beweglichkeit des Meßgefäßes bei jeder Konstruktion anders zu lösen. Eine Folge der notwendigen Meßgefäßbeweglichkeit ist die Erschütterungsempfindlichkeit der Wägemethoden und die Möglichkeit, daß das System in Schwingungen gerät. Bei der Abschätzung des Temperatureinflusses ist nicht nur die Temperaturabhängigkeit des Meßgutes, sondern auch die thermische Ausdehnung des Meßgefäßes zu berücksichtigen. Zu all diesen Einflüssen kommen dann noch die Fehler, die durch das verwendete Wägeverfahren hervorgerufen werden (vgl. [RA 23]). Insgesamt muß bei den Wägeverfahren mit einer Grundfehlergrenze von mindestens $\pm$ 1% gerechnet werden.

Die Flüssigkeitsdichtemeßgeräte nach der Wägemethode eignen sich nur für strömende Meßgüter nicht zu hoher Viskosität. Die Grenze für den zulässigen Feststoff- bzw. Schmutzgehalt richtet sich nach der Konstruktion, er ist bei dem in Bild 4 gezeigten Meßgefäß beispielsweise kleiner als bei der Konstruktion in Bild 26. (Die Empfindlichkeiten stehen dafür im umgekehrten Verhältnis.) Die zulässigen Betriebsdrücke hängen von den Verbindungen zwischen Meßgutleitung und Meßgefäß ab. Bei Drücken über etwa 20 kp/cm^2 kommen Wägeverfahren dieser Art nicht mehr in Betracht.

5.3.2. Fehlereinflüsse bei hydrostatischen Dichtemeßverfahren

Die hydrostatischen Meßverfahren sind relativ robust; sie stellen neben den Kernstrahlungsmethoden an die Reinheit des Meßgutes die geringsten Anforderungen. Beim Perlrohr wirkt die Selbstreinigungsfähigkeit der ausströmenden Luft einer möglichen Verschmutzung der Austrittsöffnungen entgegen. Änderungen der Viskosität und der Oberflächenspannung sind unerwünscht, weil sie sich auf den Ablösevorgang der Luftblasen auswirken. Aus dem gleichen Grund soll die Strömungsgeschwindigkeit an den Austrittsöffnungen 10 cm/s möglichst nicht überschreiten. Bei höheren Strömungsgeschwindigkeiten ist auch auf die Möglichkeit des Auftretens von Staudrücken zu achten. Inwieweit die aufsteigenden Luftblasen die mittlere Dichte und damit das Meßergebnis beeinflussen, muß ebenfalls untersucht werden. Vordruckschwankungen sollen vermieden werden.

Temperaturschwankungen wirken sich nicht nur in der beschriebenen Weise auf die Meßgröße, sondern auch auf die Meßanordnung aus. Beim Perlrohrverfahren ist es die thermische Ausdehnung der Rohre, durch die sich der Abstand Δh in Gl. (15) vergrößert. Wird eine Nullpunktunterdrückung in der auf S. 40 erläuterten Art vorgenommen, so sind die temperaturbedingten Änderungen von ϱ_D und h_V in Gl. (22) zu berücksichtigen. Die Störanfälligkeit der pneumatischen Dichtemeßgeräte ist, solange die Luftversorgung gesichert ist, gering. Lediglich einige Meßumformertypen sind empfindlich gegen Erschütterungen. Anwendungsbeschränkungen hinsichtlich Explosionsgefährdung gibt es bei dem Verfahren nicht, und auch gegen Korrosion ist der eigentliche Meßfühler relativ leicht zu schützen. Die empfindlicheren Teile können einige Meter vom Meßgerät abgesetzt werden, wobei der Druckabfall in den Wirkdruckleitungen berücksichtigt werden muß. Allerdings ist die Genauigkeit der pneumatischen Methode bei einfachen Anordnungen nicht sehr groß; Meßunsicherheiten von $\pm$ 2% bis $\pm$ 3% sind durchaus möglich.

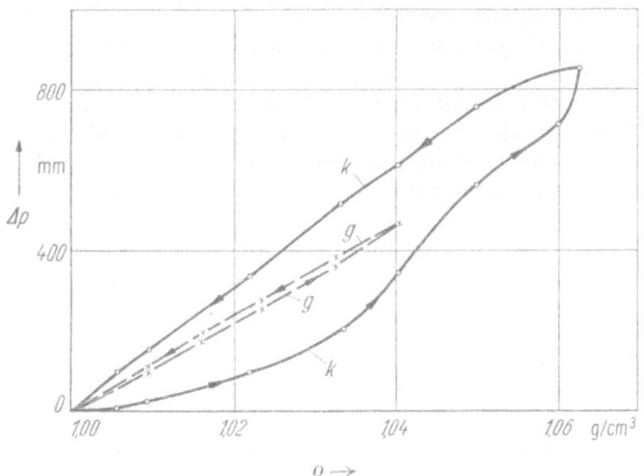

Bild 54. Experimentelle Untersuchung eines Differenzdruck-Dichtemeßgerätes mit Gummimembranen als Druckaufnehmer [3]. Anzeige des Flüssigkeitsmanometers (Δp in mm) als Funktion der Dichte ϱ bei Vergrößerung und Verkleinerung der Dichte. Die kleinere Membrane ($A_k = 58\ cm^2$) (Kurve k) ergab eine erheblich größere Hysterese als die größere Membrane ($A_g = 294\ cm^2$) (Kurve g)

Bei den hydrostatischen Dichtemeßgeräten, die mit anderen Druckmeßfühlern (Membranen) arbeiten, sind die Werkstofffragen etwas kritischer. Die erreichbare Meßgenauigkeit hängt von vielerlei Einflüssen ab; I. P. Glybin [3] veröffentlichte umfangreiches Untersuchungsmaterial zu diesen Fragen. So zeigt beispielsweise Bild 54, wie stark die statischen Kennlinien zweier hydrostatischer Dichtemeßgeräte allein infolge des Unterschiedes in der Größe der Membranen differieren. Jedenfalls sind bisher keine industriellen Geräte dieses Typs bekannt geworden, deren Grundfehler unter $\pm$ 3% liegt.

Wenn hydrostatische Dichtemeßverfahren an senkrechten oder schräg ansteigenden Rohrleitungen eingesetzt werden (vgl. Bild 33 und 34), ist auch der Druckverlust in der Leitung zu berücksichtigen, der den gemessenen Differenzdruck Δp ebenfalls beeinflußt. Ist p^* der Druckverlust je Längeneinheit, so muß für eine Steigleitung statt des Wertes für Δp aus Gl. (15) die Beziehung

$$\Delta p = \Delta h \, g \, \varrho + p^* \Delta h \tag{36}$$

eingesetzt werden.

5.3.3. Fehlerquellen bei den Auftriebsverfahren der Dichtemessung

Die kontinuierlich messenden Eintaucharäometer sind am anspruchsvollsten hinsichtlich Reinheit und niedriger Viskosität des Meßgutes. Bei ihnen wirken sich vor allem auch solche Verunreinigungen nachteilig aus, die sich an der Flüssigkeitsoberfläche anreichern, sowie Stoffe, die die Oberflächenspannung beeinflussen. Die dadurch verursachten und die übrigen typischen Aräometerfehler, wie Kapillarwulst (Bild 55), Luftauftrieb usw., entsprechen denen, die auch beim Labor-Aräometer beachtet werden müssen und die beispielsweise J. Domke und E. Reimerdes [1] ausführlich behandeln. Für die kontinuierlich messenden Geräte sind zusätzlich noch der Einfluß der Strömungsgeschwindigkeit (dynamischer Auftrieb) und die Erschütterungsempfindlichkeit zu berücksichtigen.

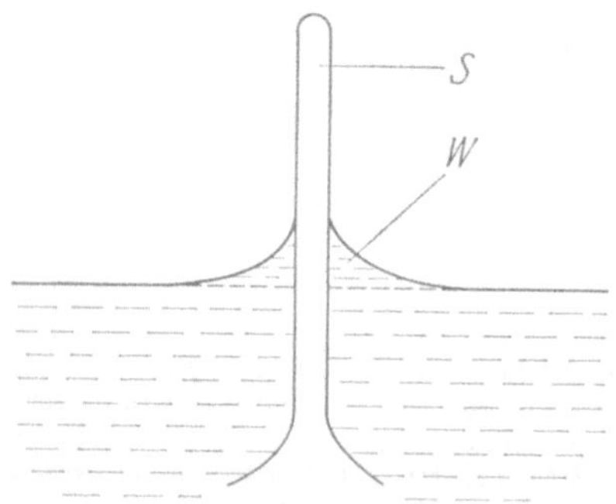

Bild 55. Kapillarwulst am Stengel S eines Aräometers. Die Masse des Wulstes W vergrößert die Aräometermasse

Auch die Tatsache, daß ein Aräometer ein schwingungsfähiges System darstellt, muß beachtet werden. Besonders beim Aufbau kraftkompensierender Systeme besteht dadurch die Möglichkeit, daß Schwingungen auftreten, die eine genaue Messung unmöglich machen. Durch Temperaturänderungen des Meßgutes wird das Volumen des Aräometers verändert, wodurch zusätzlich Fehler entstehen, wenn sie nicht bei der Temperaturkompensation berücksichtigt werden.

Eine besondere Beachtung verdienen die Meßumformer, mit deren Hilfe die Eintauchtiefe in das Ausgangssignal umgewandelt wird. Hierher gehören Reibungsprobleme bei rein mechanischen Wandlern, unzureichende

Rückwirkungsfreiheit und Linearität induktiver Wandler, der statistische Fehler bei Kernstrahlungswandlern und viele andere Erscheinungen, die im konkreten Fall zu untersuchen sind.

Bei den Verfahren, die mit völlig untergetauchtem Auftriebskörper arbeiten (z. B. Bilder 40 und 42), fallen im Vergleich zum Aräometer alle diejenigen Fehler weg, die mit der Beschaffenheit der Meßgutoberfläche zusammenhängen. Damit vergrößert sich natürlich die Anzahl der Flüssigkeiten, für die diese Meßverfahren angewandt werden können. Niedrige Viskosität, geringe Verschmutzung und konstante Strömungsgeschwindigkeit des Meßgutes müssen jedoch auch hier gefordert werden.

Eine Aufhängung mit sehr geringem Querschnitt (Bild 41) verkleinert die Einflüsse der Flüssigkeitsoberflächenbeschaffenheit so weit, daß sie im allgemeinen ebenfalls vernachlässigt werden können. Solange der Auftriebskörper sein Volumen und seine Masse (durch Korrosion, Fremdstoffansätze, Anhaften von Gasblasen oder thermische Ausdehnung) nicht ändert, kommen als Fehlerquellen nur Unzulänglichkeiten der Kompensationskrafterzeugung und -messung in Betracht. Schwingungen wie beim Aräometer können natürlich ebenfalls auftreten. Für die Fehlereinflüsse durch den Meßumformer gilt dasselbe wie bei den Eintaucharäometern.

5.3.4. Fehlerquellen bei der Kernstrahlungs-Dichtemessung [RA 58] [6] [8]

Infolge der Natur des radioaktiven Zerfalls tritt bei den Kernstrahlungsmethoden der Flüssigkeitsdichtemessung als Besonderheit ein statistischer Fehler auf. Er läßt sich durch Erhöhung der Aktivität des verwendeten Strahlers verkleinern. Außerdem unterliegt das Präparat entsprechend seiner Halbwertszeit einer ständigen Aktivitätsabnahme, die durch regelmäßigen Abgleich der Geräte korrigiert werden muß, wenn sie nicht — wie z. B. bei der Strahlkompensation — automatisch berücksichtigt wird. Vorteilhaft ist es, daß beim Kernstrahlungsmeßverfahren praktisch keine Einschränkungen bezüglich der Meßgutbeschaffenheit bestehen. Da Strahler und Detektor außen an der Rohrleitung angebracht sind, spielen Viskosität, Strömungsgeschwindigkeit, Druck, Verschmutzung usw. keine Rolle bei der Messung. Kernstrahlungs-Dichtemeßgeräte sind also prädestiniert für die Lösung besonders schwieriger Meßaufgaben, für die alle anderen Geräte ungeeignet sind. So kann bei sehr zähen Ölen, dickflüssigen Zuckerlösungen, Polymerisationsprodukten, Feststoffaufschlämmungen und ähnlichen Meßgütern kaum ein anderes Gerät eingesetzt werden.

Wie aus Gl. (21) ersichtlich ist, hängt J nur dann ausschließlich von ϱ ab, wenn neben K_S auch d und μ' konstant sind. Kurzzeitige Änderungen des lichten Rohrdurchmessers treten nicht auf, und allmähliche Veränderungen, z. B. durch Wandansätze, sind beim Abgleich zu erkennen, wenn die Meßstrecke geleert oder mit einer Flüssigkeit bekannter Dichte (z. B. Spülflüssigkeit) gefüllt ist. Im allgemeinen verkleinert sich der Meßfehler von Kernstrahlungs-Dichtemeßgeräten mit Vergrößerung der Meßstrecke d und der damit notwendig werdenden Aktivitätserhöhung der Strahlenquelle mehr oder weniger stark (vgl. z. B. Bild 56).

Der Massenschwächungskoeffizient μ' kann für die üblicherweise verwendeten Radionuklide (z. B. ^{137}Cs) als gut konstant angesehen werden. Geringfügige Abweichungen können bei schwankendem Gehalt an Elementen hoher Ordnungszahlen auftreten, was in der Praxis allerdings selten ist. Eine besondere Rolle spielt jedoch der Wasserstoff, für den μ' etwa den doppelten Wert gegenüber allen anderen Elementen hat. Schwankende Wasserstoffgehalte können infolgedessen zu Fehlmessungen führen, wenn sie nicht in einem gesetzmäßigen Zusammenhang mit der Dichte stehen. Nur in diesem Fall würden sie beim Einmessen von selbst berücksichtigt werden.

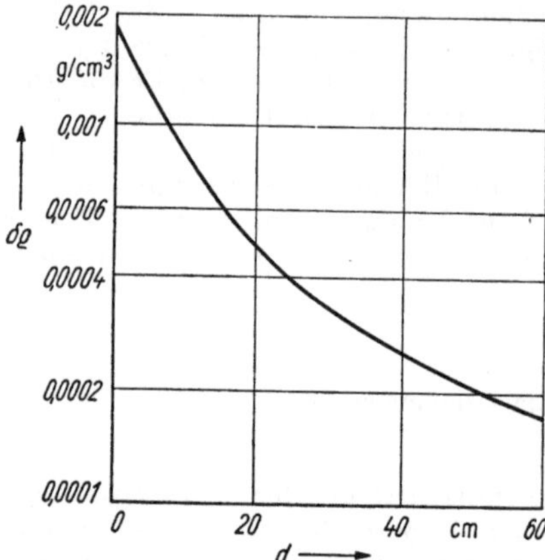

Bild 56. Mittlerer Fehler $\delta\varrho$ eines Kernstrahlungs-Dichtemeßgerätes nach dem Prinzip der Spannungskompensation als Funktion der Meßweglänge d [6]

Eine weitere Fehlerquelle tritt bei Verwendung breiter Strahlenbündel auf. Es sind dann auch solche γ-Quanten an der Bildung des Meßwertes beteiligt, die durch mehrfache Comptonstreuung viel Energie verloren haben. Der Massenschwächungskoeffizient ist folglich nicht mehr überwiegend durch das Auftreten von Comptoneffekten, sondern auch durch zusätzliche Fotoeffekte bestimmt. Er wird damit ordnungszahlabhängig, und eine schwankende Meßgutzusammensetzung ist dann eine Ursache für Meßfehler.

Auf eine Schwierigkeit, mit der besonders bei Kernstrahlungs-Dichtemeßgeräten zu rechnen ist, muß noch aufmerksam gemacht werden. Wenn die Meßstrecke nicht in einem Beipaß angeordnet ist, muß die statische Kennlinie durch Füllen der Produktleitung mit Flüssigkeiten bekannter Dichte experimentell bestimmt werden, sofern auf möglichst kleine Meßfehler Wert gelegt wird. Nur so ist der Faktor K_S in Gl. (21) genau zu ermitteln. Dasselbe gilt für den Abgleich in bestimmten Zeitintervallen, durch den Änderungen von K_S (z. B. infolge von Wandansätzen) erfaßt werden sollen (vgl. z. B. [8]). Das kann den normalen Betriebsablauf stören, und es ist deshalb gegebenenfalls günstig, Umgehungsleitungen vorzusehen. Bei der Messung von Feststoffgehalten kommt noch hinzu, daß die Dichtemessung der Etalonflüssigkeiten mit Labormethoden sehr ungenau ist [17]. Dadurch ist der Verlauf der statischen Kennlinie von vornherein etwas unsicher.

Abschließend ist noch darauf hinzuweisen, daß bei jeder Meßgerätekonstruktion auch Einflüsse des Meßgutes (mechanische und chemische Aggressivität) und der Umgebungsatmosphäre (korrosiv, explosibel usw.) beachtet werden müssen. Sonderforderungen, beispielsweise nach völliger Sterilität, kommen ebenfalls vor. Diese Bedingungen und Forderungen sowie die Möglichkeiten, ihnen gerecht zu werden, sind jedoch ein allgemeines Problem der gesamten Betriebsmeßtechnik (vgl. [RA 17] [RA 49]), das in diesem Zusammenhang nicht erörtert werden soll.

5.4. Möglichkeiten für eine Kompensation des Temperatureinflusses auf die Dichte

Die Ausführungen im Abschn. 5.1. haben gezeigt, daß die temperatur- *
bedingten Dichteänderungen eine erhebliche Fehlerquelle darstellen, wenn die Normdichte gesucht ist. Schon Temperaturabweichungen von wenigen Graden führen bei genauen Messungen zu Fehlern außerhalb der zulässigen Grenzen. Das trifft nicht nur für die Dichtemessung, sondern nahezu für alle kontinuierlichen Analysenmeßverfahren zu. Deshalb ist die Frage der Temperaturkompensation ein Problem von weiterreichender Bedeutung.

Grundsätzlich gibt es vier Möglichkeiten der Temperaturkompensation:

1. Temperierung des Meßgutes auf die vorgegebene Normtemperatur.
2. Anwendung von Vergleichsmeßverfahren mit Temperaturangleichung zwischen Meßgut und Vergleichsflüssigkeit.
3. Messung der Meßguttemperatur und automatische (oder auch manuelle) Korrektur des gemessenen Wertes auf Grund der bekannten Temperaturabhängigkeit der Meßgröße.
4. Ausnutzung der thermischen Ausdehnung zur Veränderung bestimmter Geräteparameter, um dem Temperatureinfluß auf den Meßwert entgegenzuwirken.

Die *Temperierung* des Meßgutes mit Hilfe von Temperaturreglern und Thermostaten ist ein allgemeines Problem, das keine gerätespezifische Lösung verlangt. Deshalb braucht es hier nicht behandelt zu werden.

Überall dort, wo sowieso eine Vergleichsmessung durchgeführt wird, z. B. um den Nullpunkt zu unterdrücken, bietet sich zur Temperaturkompensation die Methode der *Temperaturangleichung* zwischen Meßgut und Ver- *
gleichsflüssigkeit an.

Als ein typisches Beispiel sei auf die Auftriebswaage von Hydro (Bild 41) verwiesen. Die in das Gerät eintretende Meßflüssigkeit umströmt zunächst das Gefäß mit der Vergleichsflüssigkeit, wodurch Meßgut und Vergleichsflüssigkeit auf die gleiche Temperatur gebracht werden. Sofern die Temperaturabhängigkeiten der Dichten beider Flüssigkeiten gleich sind, müssen auch die temperaturbedingten Auftriebsänderungen an den beiden Auftriebskörpern gleich sein, so daß Temperaturänderungen des Meßgutes kein Drehmoment am Waagebalken hervorrufen können.

Die gleiche Methode der Temperaturkompensation wird auch bei dem auf Bild 24 gezeigten Wägeverfahren ({W 14} in Tafel 4) angewandt [53]. Das Meßgefäß hängt in einer Vergleichsflüssigkeit und erfährt dadurch einen Auftrieb, der das Gewicht des gefüllten Gefäßes bei Solldichte so weit verringert, daß die Waage nicht ausschlägt. Erhöht sich beispielsweise die Meßguttemperatur, so wird mit Hilfe der Rohrschlange die Vergleichsflüssigkeit auf die gleiche Temperatur gebracht. Das durch die Meßguttemperaturerhöhung verminderte Gewicht des gefüllten Meßgefäßes wird durch den ebenfalls verringerten Auftrieb kompensiert, und die temperaturbedingte Dichteänderung verursacht keinen Ausschlag des Waagebalkens. Zur Verbesserung des Zeitverhaltens beim Temperaturausgleich kann die Kompensationsflüssigkeit auch umgepumpt und dabei durch einen zusätzlichen Wärmeaustauscher geführt werden [53].

Auch für hydrostatische Dichtemeßgeräte wird das Verfahren der Temperaturangleichung angewandt. Von der Fischer & Porter Co. [47] wird eine Meßanlage ({H 30} in Tafel 4) für die Verdünnung von Natronlauge beschrieben, bei der die verdünnte Lauge in einem Zylinder aufsteigt, in dem sich eine Rohrschlange befindet, deren Wasserfüllung die Laugentemperatur annimmt. Die Drücke einer Wasser- und einer Meßgutsäule gleicher Höhe werden miteinander verglichen, und der Differenzdruck ergibt ein temperaturunabhängiges Maß für die Laugenkonzentration.

Bei den Kernstrahlungsverfahren ist diese Methode der Temperaturkompensation anwendbar, wenn die Geräte nach dem auf Seite 57 beschriebenen Verfahren der Strahlkompensation ({K 21} in Tafel 4) arbeiten. Dann muß in den Vergleichsstrahlengang eine Flüssigkeit mit gleichem Ausdehnungskoeffizienten gebracht werden, die umgepumpt und mit Hilfe eines Wärmeaustauschers ständig auf der Temperatur des Meßgutes gehalten wird.

Weit verbreitet, da prinzipiell bei allen Verfahren mit elektrischem Ausgangssignal anwendbar, ist die Methode der *Temperaturmessung mit Korrektur* des Dichtemeßwertes. Wenn sich die Meßguttemperaturen nur langsam ändern, so kann bei anzeigenden Geräten die entsprechende Korrektur einfach auf grafischem Wege vorgenommen werden. Das Anzeigegerät ist nicht in Dichteeinheiten, sondern in Skalenteilen graduiert, und aus einer Kurvenschar (Bild 57) wird der Dichtewert entnommen, der bei der (ebenfalls gemessenen) Temperatur der jeweiligen Anzeige entspricht.

Bei schnelleren Dichte- und Temperaturänderungen sowie bei Dichtemeßgeräten in Regelkreisen muß die Korrektur des Meßwertes bezüglich der gemessenen Temperatur automatisch vorgenommen werden. Der elektronische Aufwand, der für die Rechenschaltung getrieben werden muß, hängt davon ab, ob verschiedene Abhängigkeiten $\varrho = f(\vartheta)$ berücksichtigt werden sollen und wie groß der Bereich ist, in dem sich die Meßguttemperatur ändern kann. Meistens genügen schon relativ einfache Schaltungen. Auf Bild 49 ist dieses Verfahren der Temperaturkompensation angedeutet [8]. Die Temperaturkompensation mit Widerstandsthermometern bei einem hydrostatischen Dichtemeßgerät nach dem Perlrohrprinzip wird beispielsweise von K. Uhle [36], bei einem Aräometer in [RA 26] [25] und [33] beschrieben.

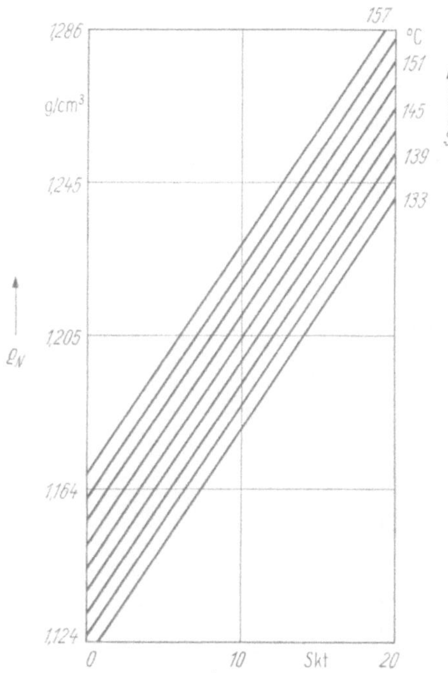

Bild 57. Statische Kennlinien eines Kernstrahlungs-Dichtemeßgerätes für verschiedene Meßguttemperaturen ϑ [35]. Für eine bestimmte Anzeige A (in Skalenteilen) wird aus der entsprechenden Kurve die Normdichte ϱ_N entnommen

Beim vierten Verfahren der Temperaturkompensation, der *Ausnutzung der thermischen Ausdehnung* für die Veränderung von Geräteparametern, sind die technischen Lösungen derart vielgestaltig, daß keine allgemeine Beschreibung gegeben werden kann, sondern eine Beschränkung auf wenige Beispiele nötig ist, an denen das Prinzip erläutert werden kann.

Im Bild 58 ist ein Temperaturkompensationssystem für ein Dichtemeßgerät nach der Wägemethode ({W 14} in Tafel 4) dargestellt. Das Meßgut strömt im Ein- und Auslauf (*E* und *A*) an zwei Ausdehnungsstäben *D* vorbei. Diese Ausdehnungsstäbe wirken über zwei Kompensationshebel *K* auf die Meßhebellagerung *L*. Der Meßhebel *H* überträgt seine Bewegung auf den Winkelhebel *W*, der sich bei Dichteänderung dreht und durch Entfernung der Masse *m* aus ihrer Ruhelage unter dem Drehpunkt *P* das benötigte Gegendrehmoment erzeugt. Das Gegengewicht *G* und die Feder *F* kompensieren das Gewicht des Meßgefäßes *M* bei Solldichte;

durch Veränderung der Federspannung kann der Meßbereich verschoben werden. Wenn sich die Meßguttemperatur erhöht, wird das gefüllte Meßgefäß leichter. Gleichzeitig wird aber infolge einer Verlängerung der Ausdehnungsstäbe D die Meßhebellagerung L angehoben, und zwar so weit, daß die Druckstelze S in Ruhe bleibt und damit eine temperaturbedingte Dichteänderung nicht angezeigt wird. Ähnliche Lösungen werden sich bei mechanischen Systemen häufig finden lassen, um Temperatureinflüsse zu kompensieren.

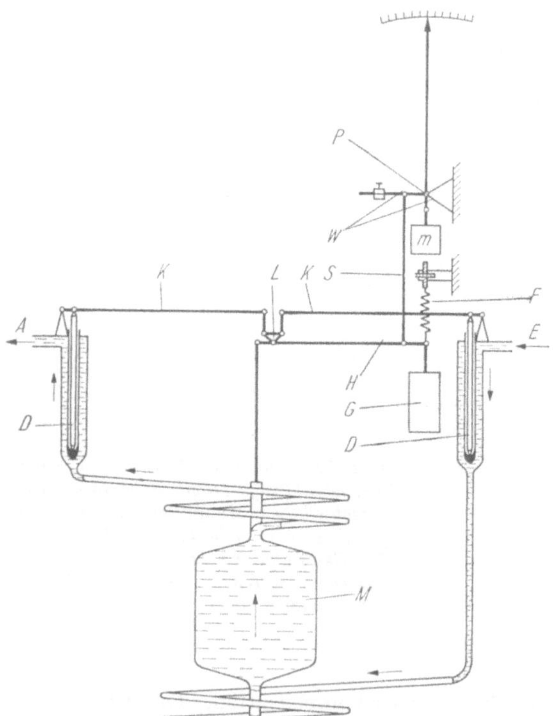

Bild 58. Temperaturkompensation bei der HYDRO-Dichtewaage Bauart S 44 [53] (Erklärung der Buchstaben im Text)

Ein ganz anderer Weg wurde im nächsten Beispiel beschritten. Es handelt sich dabei um ein Aräometer (Bild 59) mit Kernstrahlungsmeßwandler ({A 13} in Tafel 4). In der Aräometerspindel befindet sich ein radioaktiver Strahler, durch den Eintauchtiefenänderungen des Aräometers mit Hilfe eines Strahlungsdetektors, der fest mit dem Überlaufgefäß verbunden ist, berührungslos in ein elektrisches Ausgangssignal umgewandelt werden. Im Innern des Aräometers ist zusätzlich ein Quecksilberthermometer untergebracht, dessen Quecksilberkugel in gutem thermischen Kontakt mit dem Meßgut steht. Der Strahler schwimmt auf dem Quecksilbermeniskus. Bei zunehmender Meßguttemperatur sinkt das Aräometer infolge der verringerten Dichte tiefer ein. Gleichzeitig dehnt sich aber das Quecksilber aus, so daß sich der Meniskus und damit der radioaktive Strahler nach oben bewegt. Bei richtiger Dimensionierung von Aräometer und Thermometer [15] läßt sich erreichen, daß im Fall von ausschließlich temperaturbedingten Dichteänderungen der Strahler seine Höhenlage nicht ändert und folglich keine Anzeigeänderung erfolgt.

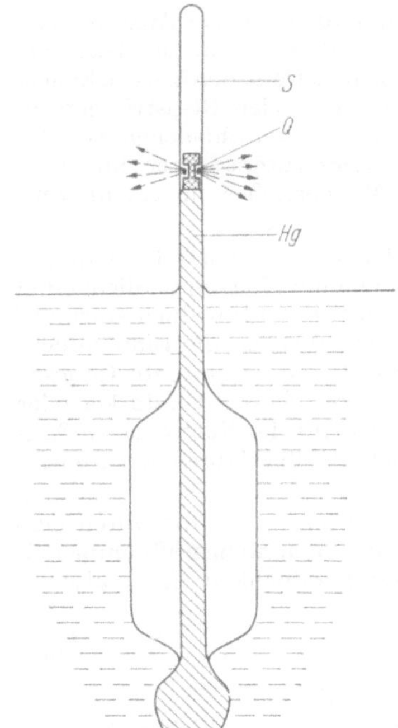

Bild 59. Temperaturkompensiertes Aräometer mit Kernstrahlungsmeßwandler [15]

Hg Quecksilber als Thermometerflüssigkeit, *Q* ringförmige Strahlenquelle, *S* Aräometerstengel (Spindel)

Eine weitere Möglichkeit der Temperaturkompensation besteht in einer Schwerpunktverlagerung bei Auftriebskörpern, die hebelartig gelagert sind. Dabei können temperaturbedingte Drehmomente durch Änderung des Kraftarmes ausgeglichen werden. Solche Schwerpunktverlagerungen sind beispielsweise mit flüssigkeitsgefüllten Systemen zu erreichen (vgl. [23]).

Im Zusammenhang mit der Frage der Temperaturkompensation muß noch darauf hingewiesen werden, daß selbstverständlich auch die mit dem Meßgut in Berührung kommenden Geräteteile (Meßgefäße, Auftriebskörper, Tauchrohre usw.) einer thermischen Ausdehnung unterliegen, die bei Berechnung des Temperatureinflusses auf das Meßergebnis berücksichtigt werden muß. Wird die Kurve $\varrho = f(\vartheta)$ in der Originalanordnung experimentell bestimmt, ist dieser Einfluß von selbst miterfaßt.

Schließlich können auch stärkere Schwankungen der Umgebungstemperatur die ihr ausgesetzten Geräteteile in ihren mechanischen oder elektrischen Parametern beeinflussen. Auch dies muß bei der Auslegung der Konstruktion und der Abschätzung der Fehlermöglichkeiten beachtet werden.

5.5. Empfindlichkeit von Dichtemeßgeräten

Die im Abschn. 5.1. zunächst erwähnte Empfindlichkeit (= Anzeigeänderung/Dichteänderung) hängt von vielerlei Einflüssen ab. Sie läßt sich durch bestimmte Geräteeigenschaften, wie beispielsweise den Verstärkungsfaktor, aber auch durch die Wahl des Anzeige- oder Registriergerätes beeinflussen. Auf diese Weise ergibt sich für die verschiedenen Gerätetypen eine maximale Empfindlichkeit, die dem Interessenten im allgemeinen durch die Angabe des kleinsten Meßbereiches mitgeteilt wird (vgl. Beispiele in Abschn. 4.).

Die Gesamtempfindlichkeit ergibt sich jedoch nach Gl. (28) aus Teilempfindlichkeiten, und es ist nicht gleichgültig, welche der Teilempfindlichkeiten erhöht wird, weil sich die einzelnen Maßnahmen unterschiedlich stark auf die Meßfehler auswirken können. Oft ist es vorteilhafter, die Empfindlichkeit der Meßwertgewinnung zu erhöhen, anstatt die gewünschte Gesamtempfindlichkeit über eine Empfindlichkeitssteigerung der Verstärker oder Sekundärgeräte zu erreichen. Deshalb soll hier auf die Nachweisempfindlichkeit der Meßwertgewinnung einiger Dichtemeßverfahren kurz eingegangen werden.

Bei den Wägemethoden ist die Gewichtsänderung ΔF_G, die durch eine bestimmte Dichteänderung $\Delta \varrho$ verursacht wird, dem Meßgefäßvolumen V direkt proportional, die erste Teilnachweisempfindlichkeit S_1 ist also

$$S_1 = \frac{\Delta F_G}{\Delta \varrho} = V \cdot g\,. \tag{37}$$

Auf die weiteren Teilempfindlichkeiten kann wegen der Vielfalt der verwendeten Wägemechanismen nicht eingegangen werden. Jedenfalls zeigt sich, daß allein durch eine Vergrößerung des Meßgefäßvolumens die Empfindlichkeit erhöht werden kann. Dabei muß jedoch beachtet werden, daß die Zeitkonstanten des Gerätes (vgl. Abschn. 5.6.) damit größer werden.

Beim hydrostatischen Dichtemeßverfahren sind die Verhältnisse ganz ähnlich. Aus Gl. (15) folgt für die erste Teilempfindlichkeit:

$$S_1 = \frac{\Delta(\Delta p)}{\Delta \varrho} = g \cdot \Delta h\,, \tag{38}$$

d. h., die Empfindlichkeit ist proportional der Höhe der Flüssigkeitssäule bzw. der Höhendifferenz zwischen den beiden Druckmeßfühlern. In diesem Fall sind die nachteiligen Auswirkungen einer Erhöhung von S_1 auf das Zeitverhalten nicht so eindeutig wie im vorigen Fall. So läßt sich beispielsweise bei der in Bild 34 gezeigten Anordnung die Vergrößerung der Zeitkonstanten infolge einer Verlängerung des Abstandes zwischen den

Druckmeßfühlern durch eine Verkleinerung des Meßrohrquerschnitts reduzieren. Die Empfindlichkeit, mit der die entstehende Druckänderung nachgewiesen wird, hängt vom verwendeten Druckmeßgerät ab. Als kleinster Meßbereich läßt sich bei hydrostatischen Dichtemeßgeräten ohne übertriebenen Aufwand eine Spanne von 0,01 g/cm³ gut realisieren.

Beim Eintaucharäometer ist die Nachweisempfindlichkeit über den Meßbereich nicht konstant, sondern hängt auch von der Meßgröße ϱ ab:

$$S_1 = \frac{\Delta h}{\Delta \varrho} = \frac{m_A}{A_{Sp}} \cdot \frac{1}{\varrho^2} \text{ }^{1)} \tag{39}$$

(m_A Aräometermasse). Das erklärt, warum bei Laboraräometern die Skalenteilung nicht linear sein kann. Wird eine konstante Empfindlichkeit im ganzen Meßbereich verlangt, so kann das durch eine leicht konische

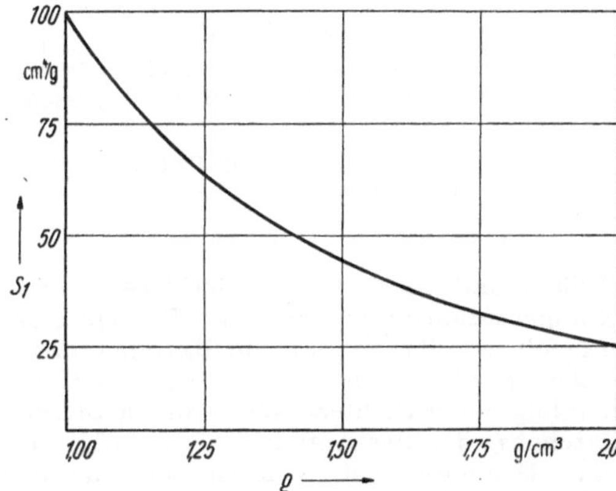

Bild 60. Abhängigkeit der Nachweisempfindlichkeit S_1 gemäß Gl. 39 von der Meßgröße ϱ für ein Aräometer der Masse m_A = 100 g mit einem Spindelquerschnitt A_{Sp} = 1 cm²

Spindel erreicht werden. Der Spindelquerschnitt in Höhe der Flüssigkeitsoberfläche A_{Sp} ist so zu berechnen, daß für jede Eintauchtiefe $A_{Sp} \cdot \varrho^2 =$ const ist. Die Empfindlichkeitssteigerung durch Vergrößerung der Aräometermasse m_A und Verkleinerung des Spindelquerschnitts A_{Sp} läßt sich sehr weit treiben, bis ihr durch stärkeres Anwachsen der Meßfehler eine Grenze gesetzt wird [20]. Bild 60 zeigt die Abhängigkeit der Empfindlichkeit S_1 von der Meßgutdichte.

Beim Auftriebskörper besteht wieder Proportionalität zwischen der Änderung des Auftriebs F_A und der Dichteänderung. Analog zur Wägemethode ist die Empfindlichkeit dem Volumen V des Auftriebskörpers proportional

$$S_1 = \frac{\Delta F_A}{\Delta \varrho} = V \cdot g\,. \tag{40}$$

Die Masse des Auftriebskörpers ist ohne Einfluß auf die Empfindlichkeit S_1.

[1]) Luftauftrieb und Kapillarwulst (vgl. Bild 55) vernachlässigt.

Sie wird zweckmäßigerweise so gewählt, daß die mittlere Dichte des Auftriebskörpers sich nur wenig von der Dichte des Meßgutes unterscheidet, damit kleine Kompensationskräfte ausreichend sind, was sich günstig auf die nachfolgenden Teilempfindlichkeiten auswirkt.

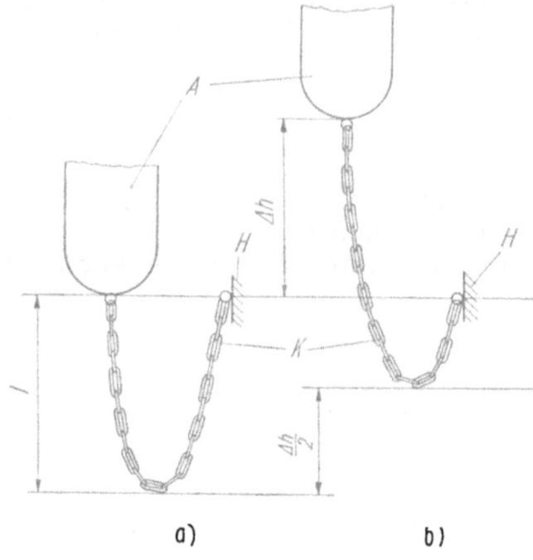

Bild 61. Zur Berechnung der Nachweisempfindlichkeit S_2 eines Dichtemeßgerätes der in Bild 40 gezeigten Art

A Auftriebskörper, *H* Halterung für die Kettchen *K*

Als Beispiel für die nächste Teilempfindlichkeit sei das Gerät betrachtet, bei dem die veränderliche Kompensationskraft durch die Kettchen erzeugt wird (Bild 40). Der Einfachheit halber sei nur ein Kettchen angenommen, das eine Masse je Längeneinheit von $\mu = m/l$ besitzen möge. Hebt sich der Auftriebskörper infolge einer Dichtezunahme um die Strecke Δh, so wird der Teil des Kettchens, den der Auftriebskörper trägt, um das Stück $\Delta h/2$ größer (Bild 61). Das entspricht einem Gewichtszuwachs von $\mu g \, \Delta h/2$. Er kompensiert die Vergrößerung des Auftriebs ΔF_A:

$$\Delta F_A = \mu g \, \Delta h/2 \, .$$

Daraus folgt die nächste Teilempfindlichkeit

$$S_2 = \frac{\Delta h}{\Delta F_A} = \frac{2}{\mu g} \, . \tag{41}$$

Sie ist also der Kettchenmasse je Längeneinheit umgekehrt proportional, d. h., je leichter die Kettchen sind, um so größer wird die Empfindlichkeit. Als nächste Teilempfindlichkeit kann dann die Empfindlichkeit des induktiven Gebers $S_3 = \Delta L/\Delta h$ aus dessen technischen Daten berechnet werden, bis man die Gesamtempfindlichkeit erhält.

Für die Kernstrahlungs-Dichtemeßgeräte ergibt sich S_1 aus Gl. (21) zu

$$S_1 = \frac{\Delta J}{\Delta \varrho} = -\mu' d \cdot K_S \cdot e^{-\mu' d \varrho} \, . \tag{42}$$

Die Empfindlichkeit läßt sich also durch Vergrößerung von K_S, z. B. durch Erhöhung der Aktivität des Strahlers, steigern. Sie hängt aber auch von der Meßstreckenlänge d ab. Bei kurzen Meßstrecken steigt S_1 mit

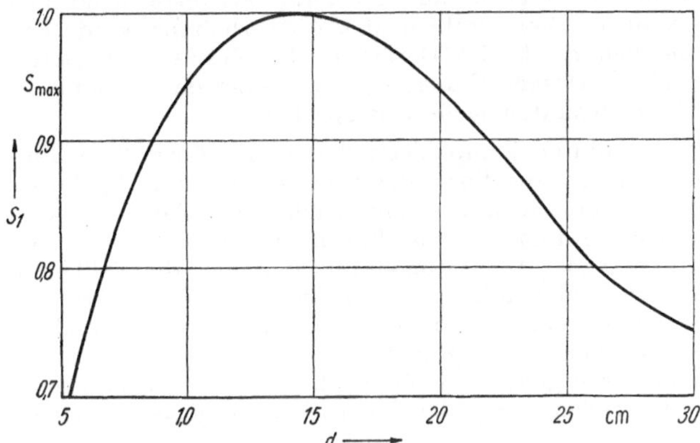

Bild 62. Die Nachweisempfindlichkeit S_1 eines Kernstrahlungs-Dichtemeßgerätes als Funktion der Meßstreckenlänge d gemäß Gl. (42)

$\mu' = 0{,}07\ \text{cm}^2/\text{g}$, $\varrho = 1{,}0\ \text{g/cm}^3$; die Werte von S_1 sind auf die maximale Empfindlichkeit S_{max} normiert

wachsendem d zunächst an, dann überwiegt das d im negativen Exponenten der e-Potenz, und die Empfindlichkeit wird wieder kleiner (Bild 62). Es muß also eine bezüglich der Empfindlichkeit optimale Meßstreckenlänge geben, die sich durch eine Extremalwertberechnung zu

$$d_{opt} = \frac{1}{\mu' \varrho} \tag{43}$$

ergibt. Die experimentell ermittelten Werte sind etwas größer, weil der Aufbaufaktor B (vgl. Gl. (21)) keine Konstante ist, sondern mehr oder weniger stark von ϱ abhängt [6]. Auch das Minimum des statistischen Fehlers wird bei Meßstreckenlängen erzielt, die gerade das Doppelte des durch Gl. (43) gegebenen Wertes sind. Deshalb sind in der Praxis die Meßstrecken meistens $\approx 2 \cdot d_{opt}$ lang.

Gerade bei der Kernstrahlungs-Dichtemessung wird deutlich, wie wichtig eine hohe Empfindlichkeit am Beginn der Wirkungskette ist, denn die Ionisationskammerströme liegen etwa im pA-Bereich. So ist der elektronische Aufwand zum Nachweis der durch Dichteänderungen verursachten Kammerstromänderungen ohnehin schon recht erheblich. Sollen die Fehler, die beispielsweise der Verstärker verursacht, nicht unnötig anwachsen, ist unbedingt ein möglichst großer Wert von S_1 anzustreben. Dies kann bei optimaler Meßstreckenlänge und gegebenem Massenschwächungskoeffizient nur durch Erhöhung von J_0 erreicht werden (Berechnungen vgl. [5] [6] [8] u. a.).

5.6. Zeitverhalten von Dichtemeßgeräten

Solange ein Dichtemeßgerät nur anzeigend oder registrierend eingesetzt ist, spielt sein Zeitverhalten meistens keine große Rolle. Dichteänderungen verlaufen im allgemeinen so langsam, daß die Geräte als ausreichend flink angesehen werden können. Dem Problem des Zeitverhaltens wurde erst dann Beachtung geschenkt, als die Geräte in Regelkreisen eingesetzt wurden. Deshalb sind die Untersuchungsergebnisse über das dynamische Verhalten von Dichtemeßgeräten noch sehr spärlich.

Die Frage wird noch dadurch kompliziert, daß weder über die Untersuchungsmethoden noch über die Form der Wiedergabe ihrer Ergebnisse verbindliche Richtlinien bestehen. Als Untersuchungsmethode ist wohl für Dichtemeßgeräte die Aufnahme von Sprungantworten am verbreitetsten. Dabei sind aber weder die Sprungamplituden noch die Meßbedingungen (z. B. Strömungsgeschwindigkeit) genormt, so daß Ergebnisse verschiedener Autoren kaum vergleichbar sind. Von den Geräteherstellern existieren entweder gar keine oder nur spärliche Angaben, aus denen meistens nicht genau hervorgeht, was für Zeitkonstanten gemeint sind. Deshalb können im folgenden nur grobe Orientierungen gegeben werden.

Beeinflußt wird das Zeitverhalten bei vielen Geräten schon durch die Größe des Meßgefäßes, während die Trägheit des übrigen Mechanismus in weiten Grenzen variabel ist. Als Beispiel sei das in Abschn. 4.1. beschriebene Dichtemeßgerät „Mark 4" (Bild 22) betrachtet. Bei einem Gesamtvolumen des Meßrohres von 2,6 l und einem Durchfluß von beispielsweise 1000 l/h dauert es nach einem Dichtesprung etwa 9 s, ehe das Meßrohr vollständig mit dem Meßgut der neuen Dichte gefüllt ist, wenn von Vermischungen abgesehen werden kann. Die Einstellzeiten müssen also über diesen Werten liegen. Dazu kommt dann noch die Totzeit, die dadurch bedingt ist, daß das Gerät im Beipaß angeschlossen werden muß und die Zuleitungen zwangsläufig eine gewisse Länge haben. Die Einstellzeit des Wägemechanismus ist nicht angegeben; da die Waage jedoch gedämpft ist, liegt sie sicher in der Größenordnung von fast einer Minute. Vielfach sind die Wägemethoden so träge, daß eine Dichteregelung mit diesen Geräten auf Schwierigkeiten stößt [36]. Werden Meßgefäße anderer Konstruktion benutzt, wie es z. B. in Bild 24 dargestellt ist, muß mit noch größeren Einstellzeiten gerechnet werden, weil diese Gefäße normalerweise größere Volumina haben und außerdem eine stärkere Vermischung auftritt.

Bei den hydrostatischen Dichtemeßgeräten sind die Verhältnisse ähnlich. Auch hier ist durch den notwendigen Abstand zwischen den Druckmeßfühlern eine Mindestgröße für das Meßgefäß vorgegeben, die nicht unterschritten werden kann. Dadurch ergeben sich bereits Einstellzeiten, die nicht mehr zu verkleinern sind, auch wenn der eigentliche Druckmeßfühler relativ flink ist. Bei entsprechend schlanken Meßgefäßen können mit der hydrostatischen Methode aber auch vergleichsweise kurze Einstellzeiten in der Größenordnung mehrerer Sekunden erreicht werden.

Für die Dichtemeßgeräte, die den Auftrieb ausnutzen, sind Meßgefäße großer Volumina nicht unbedingt erforderlich. Die maßstabgerechte Darstellung in Bild 40 läßt schon erkennen, daß das Flüssigkeitsvolumen im eigentlichen Meßraum nicht sehr groß ist. Das betreffende Gerät hat beispielsweise eine Einstellzeit von etwa 45 s. Dazu kommt, daß ein Auftriebskörper bzw. ein Aräometer einer Dichteänderung fast trägheitslos zu folgen vermag. Das Problem besteht darin, senkrechte Schwingungen des Auftriebskörpers bei sprungförmigen Dichteänderungen zu vermeiden. Besonders ein Aräometer hoher Empfindlichkeit (große Masse, kleiner Spindelquerschnitt) neigt zu Schwingungen, die nur wenig gedämpft sind. Das hat dann wieder größere Einstellzeiten zur Folge. Messungen an einem Dichtemeßgerät der auf S. 54 beschriebenen Art ergaben beispielsweise folgende Zeiten:

Aufwärtssprung von 0% auf 100%: $T_{5\%} \approx 6$ s; $T_{1\%} \approx 55$ s,

Abwärtssprung von 100% auf 0%: $T_{5\%} \approx 8$ s; $T_{1\%} \approx 45$ s.

Es zeigt sich also, daß bei starken Dichteänderungen die Einstellung des Endwertes längere Zeit in Anspruch nimmt, so daß bei schnell veränderlichen Dichten mit nicht zu vernachlässigenden dynamischen Fehlern gerechnet werden muß.

Die meisten Auftriebs-Dichtemeßgeräte sind im Beipaß angeordnet; bei Aräometern wird man durch das Überlaufgefäß unter allen Umständen dazu gezwungen. Somit sind auch Totzeiten unvermeidlich. Beim Gerät Fludilyt (vgl. S. 46) wird beispielsweise mit einer Totzeit von etwa 90 s gerechnet [54]. Das günstigste Zeitverhalten im Hinblick auf niedrige Einstellzeiten ist zu erzielen, wenn der Auftriebskörper direkt im Meßgutstrom angeordnet werden kann. So wird für das auf S. 53 beschriebene Gerät eine (nicht näher bezeichnete) Einstellzeit von etwa 5 s angegeben [23].

Zwei einander widersprechende Forderungen sind bei der Festlegung der Zeitkonstanten von Kernstrahlungs-Dichtemeßgeräten zu berücksichtigen. Der Einsatz als Regelkreisglied verlangt kleine Zeitkonstanten, im Interesse der Verkleinerung des statistischen Fehlers sind große Zeitkonstanten wünschenswert. Deshalb werden die Geräte meistens mit einer Einstellmöglichkeit für die Zeitkonstante versehen, so daß der Anwender selbst den für ihn optimalen Kompromiß zwischen Meßfehler und günstigem dynamischen Verhalten wählen kann. Da Strahler und Detektor vielfach unmittelbar an der Produktleitung angebracht werden können, sind von seiten des Meßgefäßvolumens keine Beeinflussungen des Zeitverhaltens zu befürchten. Die Zeitkonstante des AEG-Gerätes (S. 57) beträgt 10 s, die des Gerätes „AccuRay 300" kann zwischen 2 s und 60 s eingestellt werden. Innerhalb dieser Grenzen liegen die Zeitkonstanten der Mehrzahl der Geräte [6].

Bei allen Geräten, die mit Temperaturkompensation ausgestattet sind, muß berücksichtigt werden, daß durch das Zeitverhalten der Temperaturkompensation zusätzliche dynamische Fehler auftreten. Beim Einsatz von Thermostaten zur Temperierung des Meßgutes vergrößert sich die Totzeit. Bei den Vergleichsmeßverfahren mit Temperaturangleichung vergeht eine bestimmte Zeit, ehe nach einer plötzlichen Temperaturänderung die Vergleichsflüssigkeit die Temperatur des Meßgutes angenommen hat. In dieser Zeit ist also die Temperaturkompensation nur teilweise wirksam, wodurch sich der Meßfehler vergrößert. Werden temperaturempfindliche Fühler oder Bauelemente im Zusammenhang mit der Temperaturkompensation benutzt (Punkt 3 und 4 auf S. 71), so ist das Zeitverhalten dieser Glieder, das durch den Wärmeübergang bestimmt ist, ausschlaggebend dafür, ob plötzliche Temperaturänderungen sehr schnell kompensiert werden können oder zusätzliche Fehler verursachen.

6. Einige Beispiele für den Einsatz von Dichtemeßgeräten

6.1. Konzentrationsmeßprobleme

Mit der Zusammenstellung der physikalischen Größen, die beim Einsatz von Dichtemeßgeräten als Aufgabengrößen vorkommen, wurde im Abschnitt 2. schon eine Übersicht über die möglichen Einsatzgebiete gegeben. Natürlich sind die Meßprobleme, die mit Hilfe einer kontinuierlichen Flüssigkeitsdichtemessung gelöst werden können, so zahlreich, daß hier nur wenige Beispiele angeführt werden können, während im übrigen auf die Literatur verwiesen werden muß (z. B. [3] [6] [8]).

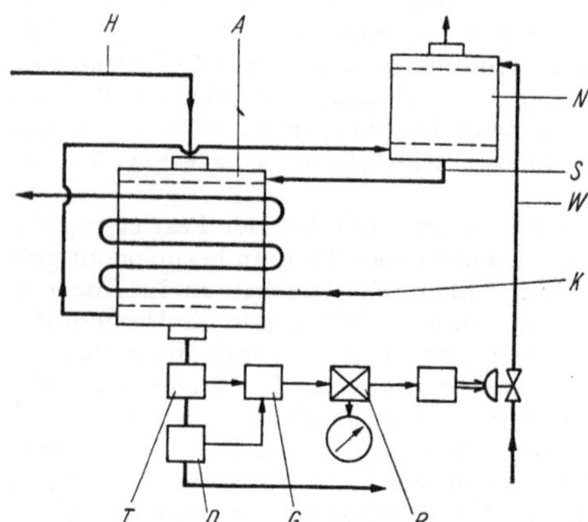

Bild 63. Schematische Darstellung der Installation eines Dichtemeßgerätes zur Konzentrationskontrolle bei der Salzsäureherstellung [58]

D Dichtemeßgerät, H HCl-Gas, K Kühlwasser, S verdünnte Säure (restl. Buchstaben im Text)

Bei den folgenden Betrachtungen soll die Frage unberücksichtigt bleiben, ob für die jeweilige Aufgabengröße neben der Dichte auch noch andere Meßgrößen geeignet wären, das betreffende Meßproblem zu lösen. Diese Fragestellung ist durchaus wesentlich; H. Hummel [22] gibt z. B. einige Hinweise für eine sachkundige Entscheidung zwischen Dichte und Brechzahl als Möglichkeiten zur Konzentrationsmessung bei Zweistoffsystemen. In [10] werden verschiedene Methoden der Feststoffgehaltsbestimmung beim Hydrotransport miteinander verglichen und dabei der Dichtemessung andere Verfahren (z. B. Leitfähigkeitsmessungen, Lichtschwächungsmessungen usw.) gegenübergestellt. Im folgenden soll jedoch angenommen werden, daß die Entscheidung über die zweckmäßigste Meßgröße bereits zugunsten der Dichte ausgefallen ist.

Die Zahl der Konzentrationsmeßprobleme, nicht allein in der chemischen und petrolchemischen Industrie, sondern auch in allen Zweigen der Lebensmittelindustrie, der Papierindustrie, der Baustoffindustrie, der Aufbereitungsindustrie usw., ist außerordentlich groß. Deshalb müssen die Beispiele zwangsläufig etwas willkürlich erscheinen. Das erste Meßproblem dieser Art ergibt sich bei der in Bild 63 gezeigten Herstellung von Salzsäure konstanter Konzentration in gekühlten Graphitabsorbern. Die Konzentrationsregelung erfolgt über die Speisewasserzufuhr W zum Naßabscheider N und damit über die Zugabe verdünnter Säure in den Absorber A. Verlangt wird am Ausgang der Anlage eine 22%ige Salzsäure, das entspricht einer Dichte von 1,103 g/cm³ bei 30 °C. Der Meßbereich des Dichtemeßgerätes D ist mit 0,05 g/cm³ (von 1,06 g/cm³ bis 1,11 g/cm³) groß genug, um auftretende Konzentrationsschwankungen zu erfassen. Wegen der möglichen Temperaturänderungen muß die Temperatur ständig gemessen (bei T) und der Dichtemeßwert in einem Rechenglied G korrigiert werden, ehe er dem Regler R zugeleitet wird.

Ein anderes typisches Konzentrationsmeßproblem, das durch eine Dichtemessung gelöst werden kann, kommt bei der Wasseraufbereitung vor. Um in einem industriell genutzten Wasser die Karbonathärte zu beseitigen, wird dem Wasser Kalkmilch zugegeben. Kalkmilch ist eine wäßrige Kalksuspension, deren Konzentration in den Mischern über die Dichte kontrolliert wird. Während des Betriebes wird kontinuierlich Kalkmilch entnommen und Wasser zugegeben. Ist dadurch die Dichte bis auf einen festgelegten Wert abgesunken, wird Kalk zugegeben, und zwar maximal so viel, daß die Dichte bis zur zulässigen oberen Grenze ansteigt. Diese Arbeitsweise bedingt von vornherein erhebliche Schwankungen der Kalkkonzentration, besonders wenn die Dichte von Hand kontrolliert wird. Vor allem das Unterschreiten der zulässigen unteren Grenze kann dabei nicht mit Sicherheit vermieden werden. So ist eine kontinuierliche Dichtemessung der Kalkmilch erstrebenswert.

Bei der Auswahl des anzuwendenden Meßverfahrens müssen die folgenden Bedingungen berücksichtigt werden:

Meßbereich: 1,00 g/cm³ ··· 1,12 g/cm³

Meßunsicherheit: etwa 0,005 g/cm³ bis 0,01 g/cm³

Meßgutdurchsatz: 30 l/min

Meßgut: stark absetzende Suspension, Neigung zur Bildung von Kalkansätzen

Meßguttemperatur: + 5 °C ··· + 30 °C

Umgebungstemperatur: + 10 °C ··· + 30 °C

Wegen der Neigung zur Bildung von Kalkansätzen scheiden Auftriebsmethoden für die Lösung dieses Meßproblems aus. Auch die Methode der Kernstrahlungsschwächung garantiert aus dem gleichen Grunde nicht ohne weiteres die geforderte Wartungsfreiheit. Bei Wägemethoden ist infolge der großen Absetzgeschwindigkeit und der geringen Strömungsgeschwindigkeit damit zu rechnen, daß sich im Meßgefäß Kalk absetzt. So bietet sich das in Abschn. 3.2. beschriebene Perlrohrverfahren als die günstigste Lösung an, besonders da mit diesem Verfahren die geforderte

Meßunsicherheit leicht gewährleistet werden kann. Zur Erhöhung der Empfindlichkeit ist eine Nullpunktunterdrückung vorzusehen, wie sie beispielsweise das in Bild 29 dargestellte Gerät besitzt.

Ein weites Anwendungsgebiet findet die Dichtemessung in verschiedenen Bereichen der Lebensmittelindustrie. So kann z. B. in der Zuckerindustrie der Zuckergehalt der anfallenden Säfte (Dicksaft, Dünnsaft, Rohsaft, Schnitzelpreßwasser usw.) über Dichtemessungen bestimmt werden, was auch in großem Umfang geschieht.

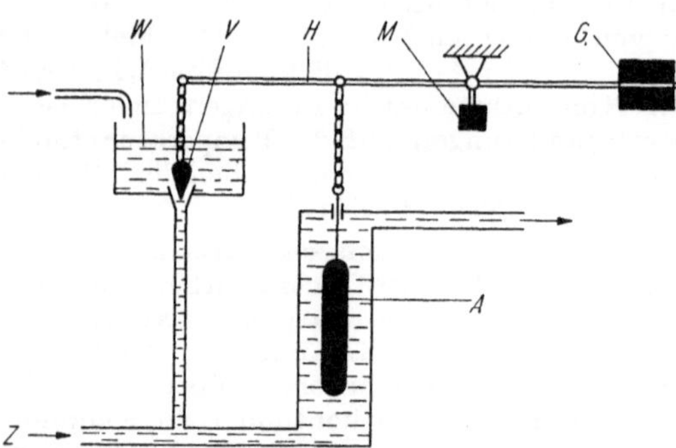

Bild 64. Schematische Darstellung einer direkt wirkenden Dichteregelung [3]

G Gegengewicht zum Ausgleich der Grundlast bei Solldichte, *H* Hebel (Waagebalken), *M* Meßgewicht zur Erzeugung des Gegendrehmomentes, *Z* Zufluß (restl. Buchstaben im Text)

Die Zahl der Beispiele für Konzentrationsmessungen mit Hilfe der Dichte als Meßgröße ließe sich beliebig erhöhen; hier sei nur noch auf einige Literaturstellen hingewiesen [33] [36].

Im Zusammenhang mit den Meßaufgaben aus dem Bereich der Konzentrationsmessung und -regelung sei noch erwähnt, daß sich manche Dichtemeßanordnungen, beispielsweise die nach dem Auftriebsprinzip, leicht zu direkt wirkenden Reglern (Regler ohne Hilfsenergie) umgestalten lassen [3]. Ein einfaches Schema zur Verdünnungsregelung einer Suspension zeigt Bild 64. Mit zunehmender Verdünnung nimmt die Dichte ab, und der tiefer einsinkende Auftriebskörper *A* sperrt über das Ventil *V* die Zufuhr von Verdünnungswasser *W*. Voraussetzung ist ein großer Auftriebskörper, der garantiert, daß vom Auftrieb auch die benötigten Stellkräfte aufgebracht werden, die erforderlich sind, um das Ventil zu öffnen.

Beim Hydrotransport von Kohle, Erz, Erde usw. sowie beim Einsatz von Saugbaggern läßt sich durch eine Dichtemessung die Feststoffkonzentration ermitteln (vgl. S. 13). Dies ist eine wichtige Kenngröße; denn mit abnehmender Feststoffkonzentration verschlechtert sich die Ökonomie des Verfahrens; übersteigt die Konzentration jedoch eine bestimmte obere Grenze, so kommt es zum Absetzen des Feststoffes und damit zu Verstopfungen der Leitungen. Detaillierte Betrachtungen über die hydrostatische Dichtemessung zum Zwecke der Konzentrationsbestimmung bei Feststoffaufschlämmungen, die unter Druck stehen, hat P. B. Popow [29] angestellt. Dort findet sich auch eine ausführliche Fehlerbetrachtung. Über die Meßtechnik beim Hydrotransport von Feststoffen und über die Dichtekontrolle von Eisenerzaufschlämmungen gibt es sogar zusammenfassende Darstellungen ([10] und [11]).

6.2. Prozeßkontrolle über die Dichte

Bei Polymerisationsprozessen steigt mit zunehmendem Umsatz auch die Dichte des Reaktionsproduktes an (vgl. Bild 3), so daß der vorgesehene Endpunkt einer solchen Reaktion durch das Erreichen einer bestimmten Dichte gekennzeichnet ist. Allerdings bereitet eine Dichtemessung im Innern des Reaktionsgefäßes infolge der Betriebsbedingungen und der Beschaffenheit des Produktes große technische Schwierigkeiten. Wenn jedoch Proben entnommen werden, so lassen sich anstelle einer labormäßigen Dichtemessung auch andere Eigenschaften des Produktes mit

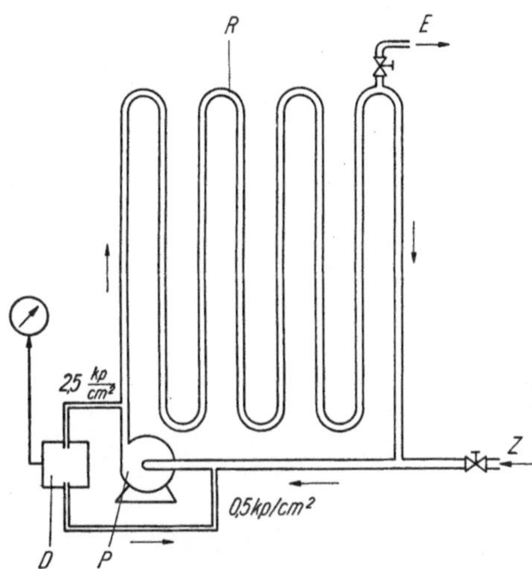

Bild 65. Schematische Darstellung der Installation eines Dichtemeßgerätes zur Kontrolle des Polymerisationsgrades bei der Aldolisation

E Entnahme von Aldoxan, *P* Pumpe, *R* Rohrschlange, *Z* Zufuhr der Ausgangsstoffe (restl. Buchstaben im Text)

vergleichbarem Aufwand bestimmen. Deshalb werden dann im allgemeinen Untersuchungen bevorzugt, deren Ergebnisse für die späteren Gebrauchseigenschaften des Polymerisationsproduktes aussagekräftiger sind als die Dichte. Vor allem Chargenprozesse laufen noch vielfach ohne direkte Kontrolle des Umsatzes ab. In Abhängigkeit von den (vorher gemessenen) Eigenschaften der Ausgangsprodukte werden Reaktionsbedingungen und -zeit festgelegt, und erst an der fertigen Charge wird kontrolliert, ob das gewünschte Endprodukt entstanden ist. Dieses Vorgehen ist unbefriedigend und weist auf wichtige ungelöste meßtechnische Probleme hin.

Die Bestrebungen der Verfahrenstechnik gehen häufig dahin, zu kontinuierlich ablaufenden Prozessen zu gelangen. Dabei müssen laufend Ausgangsstoffe zugegeben und Endprodukte entnommen werden. Aufgabe der Prozeßkontrolle ist es dabei, den Umsatz ständig auf einem vorgegebenen Wert zu halten. Als Beispiel sei die Herstellung von Acetaldol (3-Hydroxybutanol) aus Acetaldehyd betrachtet. Die Aldolisation, die bis zum Aldoxan führende erste Stufe der Aldolherstellung, erfolgt in einem geschlossenen Rohrsystem (Rohrreaktor) mit Kühlschlangen, die auf der schematischen Darstellung in Bild 65 weggelassen sind. Durch Umwälzpumpen wird das Stoffgemisch (Aldoxan, Acetaldol, freier Acetaldehyd und wäßrige Kalilauge) ständig in Bewegung gehalten, und auf der Saugseite der Hauptumwälzpumpe wird laufend frischer Acetaldehyd und verdünnte Kalilauge zugeführt. Das Rohaldol fließt durch Verdrängung ab. Die Zufuhr der Ausgangsstoffe muß so gesteuert werden, daß der Umsatz dauernd auf einem bestimmten Wert gehalten wird.

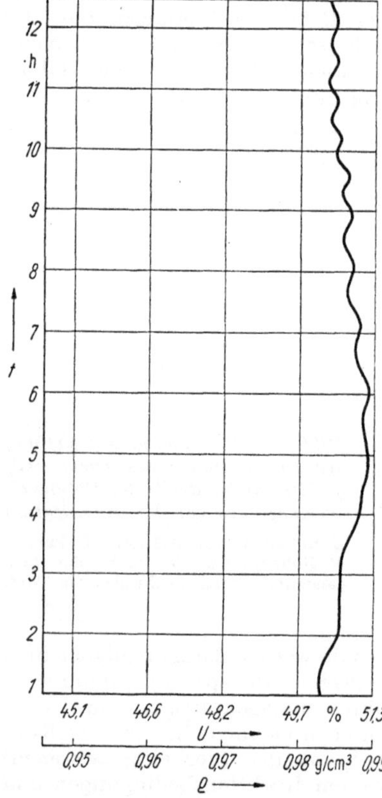

Bild 66. Schreibstreifen einer Dichtemessung durch ein Dichtemeßgerät in einer Anlage gemäß Bild 65 (über fast 12 Stunden)
U Umsatz

Die Kontrolle des Umsatzes erfolgt über die Dichte des Stoffgemisches im Reaktor. Gefahren wird ein Umsatz zwischen 49,5% und 51,5%, das entspricht einem Dichtebereich von 0,98 g/cm³ bis 0,99 g/cm³, innerhalb dessen sich die Dichte bewegen darf. Um den erforderlichen Durchsatz von etwa 8 l/min durch das Dichtemeßgerät D zu erzielen, ist das Gerät in einer Abzweigleitung parallel zur Umwälzpumpe stationiert, wo ein ausreichend großes Druckgefälle zur Verfügung steht. Benutzt wird beispielsweise ein Gerät nach dem Wägeprinzip ({W 14} in Tafel 4), wie es in Bild 24 dargestellt ist. Der Meßstreifen in Bild 66 beweist, daß der Umsatz im Aldolisator während dieser Zeit innerhalb der geforderten Grenzen geblieben ist. Auch im weiteren Verlauf dieses Produktionsprozesses sind noch mehrere Dichtemeßgeräte zur Prozeßkontrolle und zur Konzentrationsmessung eingesetzt.

Beim Eindampfen von Sirup in der Zuckerfabrikation handelt es sich meistens um einen Chargenprozeß, der mit Hilfe eines Dichtemeßgerätes gesteuert werden kann [3]. Bei Erreichen der vorgeschriebenen Dichte wird der Eindampfprozeß beendet und der Saft zur Weiterverarbeitung abgelassen. Da es in der Zuckerfabrikation eine ganze Reihe typischer Meßprobleme gibt, für die gerade die Dichte die geeignete Meßgröße darstellt, ist es nicht verwunderlich, daß mehrere der heute auf dem Markt befindlichen Dichtemeßgeräte ursprünglich für die Zuckerindustrie entwickelt worden sind.

6.3. Unterscheidung von Flüssigkeiten auf Grund ihrer Dichte

In Bild 67 ist ein Beispiel für die Unterscheidung zweier Flüssigkeiten unterschiedlicher Dichte dargestellt [2]. Der Behälter *B* dient zur Entmischung zweier Flüssigkeiten. Wenn sich die Komponente mit der höheren Dichte unten abgesetzt hat, wird sie abgelassen. Sobald durch das Dichtemeßgerät *D*, im vorliegenden Fall ist es ein Gerät nach dem Prinzip der Kernstrahlungsschwächung, eine Dichteabnahme festgestellt wird, muß über den Regler *R* das Ventil *V* geschlossen werden. Die zweite Komponente kann dann in einen anderen Behälter abgelassen werden.
Sehr verbreitet ist die Unterscheidung verschiedener Flüssigkeiten anhand ihrer Dichte bei der Mehrfachausnutzung von Rohrleitungen, speziell Erdölleitungen. Werden zwei Produkte unterschiedlicher Dichte durch die Leitung gepumpt, so entsteht zwischen beiden eine Vermischungszone, die mit zunehmender Länge der Leitung größer wird. Am Leitungsende beträgt das Volumen des Mischproduktes etwa 0,5% bis 1,5% des Gesamtvolumens der Leitung. Um das Mischvolumen am Ankunftsort abtrennen zu können, müssen seine Ankunft und Größe bestimmt werden.

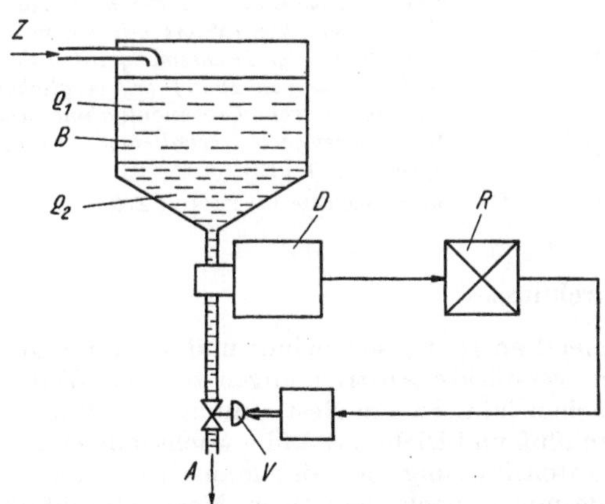

Bild 67. Schematische Darstellung der Unterscheidung zweier Flüssigkeiten unterschiedlicher Dichten (ϱ_1 und ϱ_2; $\varrho_2 > \varrho_1$) beim Ablassen nach dem Entmischen im Behälter B mit Hilfe des Dichtemeßgerätes D [2]

A Abfluß, *Z* Zufluß der vermischten Komponenten (restl. Buchstaben im Text)

Für die Ermittlung von Ankunftszeit und Größe des Mischvolumens haben sich Dichtemeßgeräte gut bewährt. Am verbreitetsten ist die Methode der Kernstrahlungsschwächung, weil dafür keine Abzweigleitungen oder Einbauten in die Produktleitung benötigt werden. In Bild 68 ist der Durchgang eines Mischvolumens durch eine Pumpstation etwa in der Mitte der 880 km langen Erdölleitung Grosny-Trudowaja in der UdSSR durch die Aufzeichnung eines Dichtemeßgerätes (vom Typ {K 10} in Tafel 4) wiedergegeben [12]. Das erste der beiden Produkte war Petroleum ($\varrho_P = 0{,}828\ \mathrm{g/cm^3}$), anschließend wurde Dieselkraftstoff ($\varrho_D = 0{,}863\ \mathrm{g/cm^3}$) durch die Leitung befördert. Aus Bild 68 ergibt sich, daß das Mischvolumen etwa 55 min benötigte, um die Meßstelle zu passieren. Bei einem lichten Rohrdurchmesser von 305 mm und einer mittleren Strömungsgeschwindigkeit von etwa 0,9 m/s beträgt das Mischvolumen ungefähr 220 m³ (das ist 0,7% des Leitungsvolumens).

Zur zuverlässigen Bestimmung des Mischvolumens sollte die Fehlergrenze des Dichtemeßgerätes unter 0,001 g/cm³ liegen. Bei dem Versuchsgerät, dessen Meßergebnisse der Kurve in Bild 68 zugrunde liegen, wurde diese Fehlergrenze noch nicht erreicht; bei den heutigen Geräten bereitet die Erfüllung dieser Forderung jedoch keine Schwierigkeiten mehr.

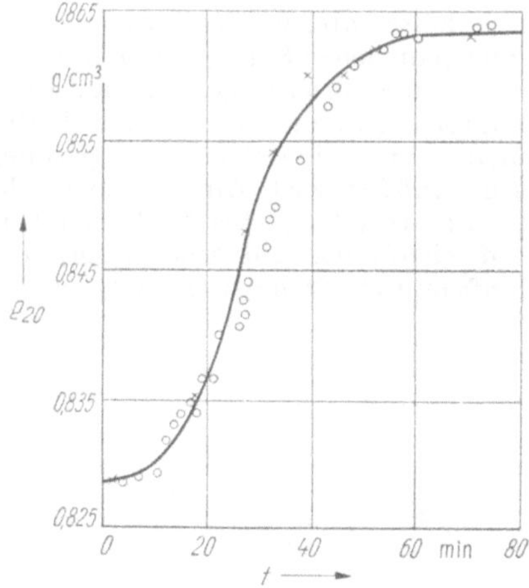

Bild 68. Sortenwechsel Petroleum — Dieselkraftstoff in einer Ölleitung. Durchgang des Mischvolumens durch eine Pumpstation 425 km hinter dem Ausgangsort kontrolliert mit einem Kernstrahlungs-Dichtemeßgerät (Versuchsmuster von 1956) (o) verglichen mit den durch Probenentnahme und Labormessungen erhaltenen Ergebnissen (×) [12]

ϱ_{20} Normdichte bei 20 °C, t Zeit

6.4. Messung des Massendurchflusses

Ein Meßproblem, das zunehmend an Interesse gewinnt und auch die Hersteller von Dichtemeßgeräten verstärkte Anstrengungen bei der Weiterentwicklung ihrer Geräte machen läßt, ist die Bestimmung von Massendurchflüssen aus Volumendurchfluß und Dichte. Ständig wachsende Durchflüsse einerseits und eine Intensivierung des ökonomischen Denkens andererseits haben die Forderungen nach derartigen Massendurchflußmeßgeräten, die nach Möglichkeit auch im eichpflichtigen Verkehr einsetzbar sein sollen, immer mehr verstärkt.

Haupteinsatzgebiete von Massendurchflußmeßanlagen ist die Mineralölindustrie, in der beispielsweise Verkäufe und Bilanzierungen nach Masseneinheiten vorgenommen werden. Dort führt der gewaltige Umschlag flüssiger Raffinerieprodukte ohne Massendurchflußmessung infolge der dann notwendig werdenden diskontinuierlichen Wägungen zu unerwünscht großem Aufwand.

Voraussetzung für eine korrekte Massendurchflußbestimmung mit Hilfe einer einfachen Multiplikationsschaltung ist es, daß Volumendurchfluß und Dichte als temperaturkompensierte Werte (Normdurchfluß $\dot{V}_{20}$ und Normdichte ϱ_{20}) vorliegen. Werden die bei der Temperatur ϑ °C ($\vartheta \neq 20$) gemessenen Werte $\dot{V}_\vartheta$ und ϱ_ϑ benutzt, so muß elektronisch das Integral der Dichte über das Volumen gebildet werden: $m = \int \varrho_\vartheta \, \mathrm{d}V_\vartheta$. In diesem Fall bleibt der Fehler in der Massenbestimmung möglicherweise etwas kleiner, weil Vergrößerungen des Fehlers in $\dot{V}$ und ϱ durch die Temperaturkompensation nicht möglich sind. Dafür ist der elektronische Aufwand größer.

Eine typische Gerätekombination für die Lösung dieses Meßproblems, besonders wenn es sich um stark verschmutzes, heißes, hoch viskoses oder unter hohem Druck stehendes Meßgut handelt, besteht aus einem induktiven Durchflußmesser und einem Kernstrahlungs-Dichtemeßgerät (Bild 69) [47] [55]. Beide Geräte benötigen keine Einbauten, so daß die Rohrleitung innen völlig glatt ist, wodurch Druckverluste vermieden und Verschmutzungsmöglichkeiten verkleinert werden. Bei der abgebildeten Gerätekombination wird auf einer Registrierkarte Dichte und Massendurchfluß geschrieben, so daß beispielsweise für eine Verkaufshandlung gleichzeitig Qualität und Menge des Produktes als die entscheidenden preisbestimmenden Parameter vorliegen.

Der Massendurchflußmesser der Fa. Avery Hardoll Ltd. [44] verwendet das auf S. 35 erwähnte Dichtemeßgerät Gravitymaster Mk II [59] für die Dichtemessung, das für diesen Zweck mit einem digitalen Ausgang versehen ist. Der Volumenzähler (ein Verdrängungszähler) hat ebenfalls einen digitalen Ausgang, so daß ein Digitalrechner zur Ermittlung des Massendurchflusses und der Gesamtmenge verwendet werden kann. Bild 70 zeigt die Kombination der Geräte zum Massendurchflußmesser, dessen Fehler mit ± 0,1% angegeben wird [41] [44].

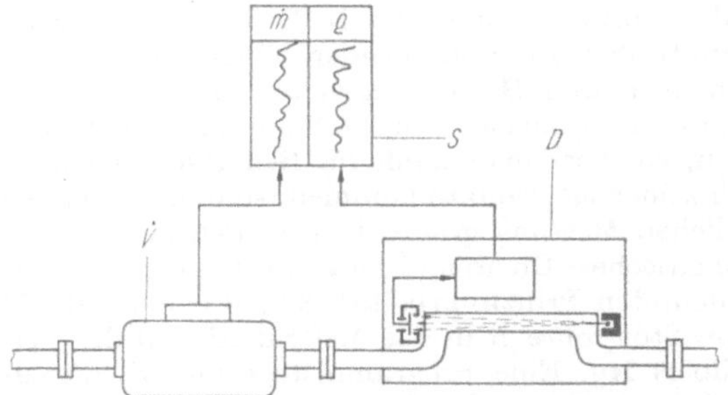

Bild 69. Schema einer Massendurchflußmessung mit Hilfe eines induktiven Durchflußmessers $\dot{V}$ und eines Kernstrahlungs-Dichtemeßgerätes D. Im Schreiber S wird sowohl das Produkt beider Größen $\dot{m} = \dot{V} \cdot \varrho$, als auch die Dichte ϱ allein registriert

Alle diese Gerätekombinationen sind mit Integrationseinrichtungen versehen; denn meistens interessiert die in einer bestimmten Zeit durchgeflossene Masse m mehr als der Massendurchfluß $\dot{m}$. Es handelt sich dabei prinzipiell um die gleiche Aufgabe, wie sie beim Bandtransport fester Stoffe auftritt, der in [RA 23] bereits behandelt wurde. Dort sind auch Beispiele für einfache Multiplikations- und Integrationseinrichtungen angegeben.

Sollen diese Massendurchflußmeßanlagen im zoll- oder eichpflichtigen Verkehr eingesetzt werden, ist darauf zu achten, daß die entsprechende behördliche Genehmigung vorliegt. In den Druckschriften der Hersteller wird im allgemeinen darauf hingewiesen, wenn für einen Gerätetyp eine solche Genehmigung erteilt worden ist (vgl. z. B. [25] [53]).

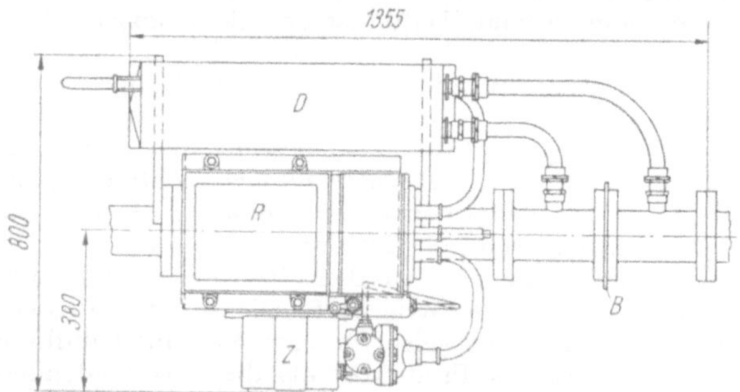

Bild 70. Draufsicht auf ein komplettes Massendurchflußmeßgerät, bestehend aus einem Dichtemeßgerät D nach dem Wägeprinzip, einem Volumenzähler (nicht sichtbar, befindet sich unter R) mit dem Zählwerk Z und einem Digitalrechner R zur Bildung des Produktes aus ϱ und $\dot{V}$ [44]. Die Blende B erzeugt die Druckdifferenz, die erforderlich ist, damit das Dichtemeßgerät mit ausreichendem Durchfluß durchströmt wird

6.5. Automatische Labor-Dichtemeßgeräte

Neben der kontinuierlichen Dichtemessung im Betrieb behält natürlich die Dichtemessung im Laboratorium weiterhin ihre Bedeutung. Obwohl Labormessungen nicht unmittelbar zur vorliegenden Thematik gehören, ist die Tatsache erwähnenswert, daß Bestrebungen im Gange sind, die Labormeßverfahren ebenfalls zu automatisieren. Dadurch kann nicht nur Personal eingespart werden, sondern man kann im Bedarfsfall auch zu einer sehr dichten Folge einzelner Meßpunkte kommen, so daß schließlich von einer quasikontinuierlichen Messung gesprochen werden kann.

Als Beispiel sei ein automatisches Dichtemeßgerät kurz skizziert, das nach dem in Bild 11 angedeuteten Prinzip arbeitet [38]. Wie aus Bild 71 ersichtlich ist, tauchen zwei Steigrohre R in das Meßgut M und die Vergleichsflüssigkeit (Quecksilber) Hg. Eine Programmsteuerung P, die als Ablaufsteuerung wirkt, öffnet zunächst das Ventil V_2 im Zufluß Z so lange, bis das Meßgefäß gefüllt ist und sich durch den Überlauf $\dot{U}$ die vorgeschriebene Füllhöhe eingestellt hat. Dann werden die Steigrohre über V_1 an ein Vakuum p_V angeschlossen, bis das Quecksilber den Kontakt K

erreicht. In diesem Moment wird V_1 geschlossen und mit Hilfe des Servomotors O eine Lichtschranke L aus ihrer Ruhelage am oberen Steigrohrende nach abwärts in Bewegung gesetzt. Gleichzeitig wird der mechanische Zähler N betätigt, dessen Impulszahl ein Maß für den von der Lichtschranke zurückgelegten Weg ist. Beim Erreichen des Meßgutmeniskus spricht die Lichtschranke an. Dadurch wird der Motor O angehalten und die erreichte Impulszahl durch den Meßwertdrucker D ausgedruckt. Jeder Impuls entspricht einem Dichtezuwachs $\Delta\varrho = 0{,}001\ \mathrm{g/cm^3}$. Nach dem Ausdrucken des Ergebnisses werden die Steigrohre über V_1 belüftet, die Lichtschranke fährt in ihre Ausgangsstellung zurück, der Zähler wird auf „Null" gestellt, und über V_3 wird das Meßgut abgelassen. Danach kann der nächste Meßzyklus beginnen.

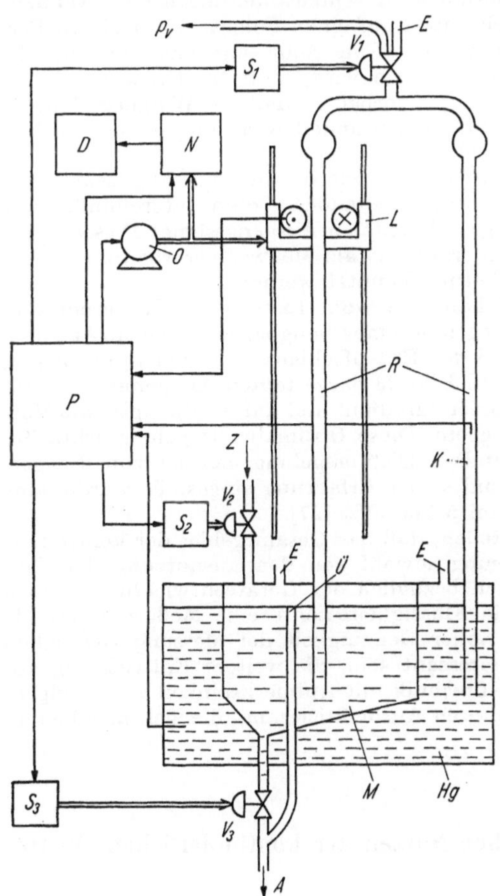

Bild 71. Vollautomatisiertes Labor-Dichtemeßgerät nach der Steighöhenmethode mit Ablaufsteuerung [38]

A Abfluß, **E** Entlüftungen, $S_{1,2}$ Stellmotoren (restl. Buchstaben im Text)

6.6. Dichtemessung mit digitalem Ausgangssignal

Abschließend sei noch darauf hingewiesen, daß mit dem weiteren Vordringen der elektronischen Datenverarbeitung und dem Einsatz von Prozeßrechnern auch die Frage von Dichtemeßgeräten mit digitalem Ausgangssignal an Bedeutung gewinnt, wie in zwei Beispielen bereits angedeutet wurde. Da die hier beschriebenen Geräte zum größten Teil ein elektrisches oder pneumatisches Ausgangssignal abgeben, steht der Verbindung mit einem A/D-Umsetzer prinzipiell nichts im Wege. Es tauchen aber auch bereits Konstruktionen auf, die speziell für die Abgabe eines digitalen Ausgangssignals eingerichtet sind [13]. Mit Hilfe einer Auftriebswaage, die im Prinzip so funktioniert wie das in Bild 42 gezeigte Dichtemeßgerät, werden Dichteänderungen in Winkeländerungen umgewandelt, die über einen Magneten nach außen auf einen Folgearm mit einem Permanentmagneten übertragen werden. Eine Spule auf einer Scheibe, die von einem Synchronmotor angetrieben wird, läuft im Kreis an diesem und einem feststehenden Magneten vorbei, so daß die Winkelstellung in eine Zeitspanne (Impulsabstand) umgewandelt wird, die mit einem digitalen Zeitmesser gemessen wird.

Dieses digitale Dichtemeßgerät ergibt (wie die in Bild 70 gezeigte Anlage) mit einem ebenfalls digital arbeitenden Volumendurchflußmesser eine Massendurchflußmeßanlage mit digitalem Ausgangssignal. Dieses Signal kann unmittelbar für die moderne, digitale Meßwertverarbeitung in der Prozeßführung und Betriebsleitung benutzt werden.

Als ein Anwendungsbeispiel kann die vom Institut für Kybernetik in Kiew entwickelte Förderlastregelung eines Saugbaggers dienen. Aus dem gemessenen Volumendurchfluß der Erdaufschlämmung und ihrer Dichte, die mit einer Anordnung der in Bild 33 dargestellten Art gemessen wird, ermittelt ein Rechner den Massendurchfluß und daraus die optimale Vorschubgeschwindigkeit des Baggers. Diese Optimalwertregelung erbrachte gegenüber der bisher angewandten Dichteregelung, bei der vom Baggermeister der Sollwert auf Grund seiner Erfahrung eingestellt wurde, eine Verbesserung der Ausbeute um 5 bis 30% [27].

Zusammenfassend ist festzustellen, daß das Gesamtgebiet der kontinuierlichen Flüssigkeitsdichtemessung sowohl von der Ausnutzung der Einsatzmöglichkeiten her als auch bezüglich der Geräteentwicklungen noch stark in Fluß ist, obwohl die Flüssigkeitsdichte eine Meßgröße ist, die schon sehr früh mit relativ hoher Genauigkeit der Messung zugänglich geworden ist. So wird es interessant sein, die weitere Entwicklung auf diesem Sektor der Betriebsmeßtechnik mit Aufmerksamkeit zu verfolgen, um die Möglichkeiten zur weiteren Automatisierung, die sich hier bieten, voll ausschöpfen zu können.

7. Über den ökonomischen Nutzen der kontinuierlichen Dichtemessung

* Die Frage nach dem ökonomischen Nutzen von Meßgeräten ist nicht leicht zu beantworten. Günstig liegen die Verhältnisse, wenn durch die Installation eines automatisch arbeitenden Meßgerätes Bedienungspersonal

eingespart werden kann, das vorher mit laufenden Probenentnahmen und Messungen mit Hilfe von Labormethoden beschäftigt war. Dies ist jedoch nur selten der Fall, weil diese diskontinuierliche Kontrolle normalerweise neben anderen Tätigkeiten erledigt wird, die auch nach Installation des Betriebsmeßgerätes nicht überflüssig geworden sind.

Weiterhin ist der ökonomische Nutzen relativ gut angebbar, wenn durch die kontinuierliche Messung die Produktqualität erhöht wird, z. B. in der Form verkleinerter Dichteschwankungen eines Produktes. Die Qualitätserhöhung muß allerdings entweder durch eine Senkung der Ausschußquote oder durch einen höheren Abgabepreis für das bessere Produkt zahlenmäßig erfaßbar sein.

Eine andere Gruppe von Vorteilen einer verbesserten Meßtechnik sind Einsparungen von Material oder das Aufdecken von Verlustquellen. Diese sind bei der kontinuierlichen Dichtemessung nur in seltenen, besonders günstig gelagerten Fällen nachweisbar.

Schließlich kann ein kontinuierlich arbeitendes Betriebsmeßgerät die Voraussetzung für eine Erhöhung des Durchsatzes sein, so daß der Vorteil in der besseren Ausnutzung der Grundmittel liegt. Auch das ist ein sehr konkret angebbarer Nutzen der Einführung eines neuen, besseren Meßverfahrens.

In den meisten Fällen ist jedoch bei der Neuinstallation eines kontinuierlichen Dichtemeßgerätes keiner der erwähnten Vorteile eindeutig quantitativ nachweisbar, weil die erzielten Verbesserungen beispielsweise in einer Erhöhung der Sicherheit, in einem besseren Betriebsablauf oder in anderen, zahlenmäßig nicht angebbaren Vorteilen liegen. Vielfach ist auch die kontinuierliche Dichtemessung die Voraussetzung für eine Prozeßregelung, so daß der ökonomische Nutzen nicht für die Meßeinrichtung allein, sondern nur für die ganze Regelanlage abzuschätzen ist.

In den folgenden Beispielen sind einige Zahlen für Einsparungen genannt, die in günstig gelagerten Fällen durch den Einsatz von Kernstrahlungs-Dichtemeßgeräten erzielt werden konnten [6]. So erwirtschafte ein Buntmetallkombinat der Usbekischen SSR durch die Dichtemessung einen jährlichen ökonomischen Nutzen von über 1 Mill. Rubel. Durch die Automatisierung des Eindampfvorganges einer Glyzerin-Wasser-Mischung konnten in einem Jahr pro Verdampfer 64 000 Rubel eingespart werden. In den USA wurden die Einsparungen durch die Benutzung von Kernstrahlungs-Dichtemeßgeräten für die Unterscheidung verschiedener Ölsorten im Jahre 1956 mit 600 000 $ beziffert. Im gleichen Jahr konnten durch 30 Dichtemeßgeräte, die auf Saugbaggern der UdSSR eingesetzt waren, über 2 Mill. Rubel eingespart werden. Der ökonomische Nutzen durch die Automatisierung des Zerkleinerungsprozesses im Aufbereitungsbetrieb des Ju. G. O. K. (UdSSR) mit Hilfe von Dichtemeßgeräten, der durch Personaleinsparungen erreicht wurde, beträgt 3 Mill. Rubel jährlich. Eine amerikanische Petroleum-Kompanie kontrolliert die Katalysatordichte beim Kracken und spart damit jährlich für 600 000 $ Katalysator ein.

Wenn auch diese Zahlen mit einem gewissen Vorbehalt aufgenommen werden müssen, so zeigen sie doch, daß die kontinuierliche Dichtemessung ein Betriebskontrollverfahren darstellt, das größte Beachtung verdient.

Literaturverzeichnis

Bücher:

[1] *Domke, J.*, u. *Reimerdes, E:* Handbuch der Aräometrie. Berlin 1912.

[2] *Džagacpanjan, R. W., Romm, R. F.*, u. *Tatočenko, L. K.:* Die Anwendung radioaktiver Isotope für die Kontrolle chemischer Prozesse. Moskau 1963.

[3] *Glybin, I. P.:* Automatische Dichtemesser. Kiew 1965.

[4] *Gol'din, M. L.:* Kontrolle und Automatisierung von Erzzerkleinerungs- und -mahlprozessen. Moskau 1965.

[5] *Hart, H.:* Radioaktive Isotope in der Betriebsmeßtechnik. 2. Aufl., Berlin 1962.

[6] *Hart, H.:* Flüssigkeitsdichtemessung mit Hilfe von Kernstrahlung. Leipzig, erscheint demnächst.

[7] *Korotkov, L. I.:* Handbuch für Radioisotopengeräte zur Kontrolle und Automatisierung technologischer Prozesse. Moskau 1963.

[8] *Mengelkamp, B.:* Radioisotope in der Meß- und Regelungstechnik. AEG-Handbuch Bd. 5. Berlin 1966.

[9] *Padelt, E.*, u. *Laporte, H.:* Einheiten und Größenarten der Naturwissenschaften. 2. Aufl., Leipzig 1967.

[10] *Silin, N. A.*, u. a.: Geräte zur Messung der Parameter von Feststoffen beim Hydrotransport. Kiew 1963.

[11] *Val'ter, A. K., Plaksin, I. N.*, u. *Gol'din, M. L.:* Automatische Kontrolle von Eisenerzpulpe mit Gammastrahlen. Charkow 1962.

Einzelarbeiten:

[12] *Achromenko, A. A.*, u. a.: Neftjanoe Choz. **35** (1957) H. 12, S. 60—63.

[13] *Ankel, Th.:* VDI-Ber. Nr. 78 (1964) S. 81—90.

[14] *Bartovský, T.*, u. *Bartovská, L.:* Automatizace (Prag) **9** (1966) H. 7, S. 177—179.

[15] *Boruchov, M. Ju.*, u. a.: S. 137—146 in „Radioisotopen-Methoden der automatischen Kontrolle" (Arbeiten d. Tgg. in Frunse, Juni 1961), Bd. 1, Frunse 1963.

[16] *Burt, W. G.:* Instruments and Automat. **31** (1958) S. 1983.

[17] *Gilmer, F. R.*, u. *Drummond, C. M.:* Tgg. der „Instr. Soc. of Amer." Chicago 1963. Bericht: Conf-147-4.

[18] *Hart, H.:* msr **7** (1964) ap, H. 4, S. 34—37.

[19] *Hart, H.:* Vortrag DDR-126 auf d. IMEKO-IV, Warschau, Juli 1967.

[20] *Hart, H.*, u. *Eberhardt, L.:* Wiss. Z. TH f. Chemie Leuna-Merseburg **11** (1969).

[21] *Hart, H.*, u. *Schurz, E.:* Kerntechnik **6** (1963), H. 10, S. 565—574.

[22] *Hummel, H.:* VDI-Ber. Nr. 97 (1966), S. 123—133.

[23] *Igreja, V.*, u. *Maltez, L.:* Vortrag PG-118 auf d. IMEKO-IV, Warschau, Juli 1967.

[24] *Ippic, M. D.*, u. *Stepanov, L. P.:* Enzyklopädie der Meßtechnik, Kontrolle und Automatisierung. Moskau/Leningrad, Heft 4, 1965, S. 9—12.

[25] *Krech, H.:* S. 141—157 in DECHEMA-Monographie, Bd. 54, Weinheim 1965.

[26] *Kuz'menkov, L. N.*, u. a.: Mechan. i avtomat. proizvod. 1966, H. 7, S. 35.

[27] *Oppelt, W.:* rt **15** (1967), H. 4, S. 166—170.

[28] *Patnode, W.*, u. *Scheiber, W. J.:* J. Am. Chem. Soc. **61** (1939), S. 3449.

[29] *Popov, R. B.:* S. 164—187 in „Wärmeenergetische Geräte und Regler", Ausg. III, Moskau/Leningrad 1956.

[30] *Preu, M.*, u. *Himmel, G.:* DRP Nr. 99 047 (Kl. 42 l 102) v. 19. 9. 1897.

[31] *Schädler, M.:* Das Papier, 1949, H. 11/12, S. 215.

[32] *Sharbaugh, A. H.*, u. *Lippitt, M. W.*, jr.: A. R. S.-J. **31** (1961), H. 3, 294 bis 296.

[33] *Specht, P.:* msr **7** (1964) ap, H. 10, S. 113—116.

[34] *Stevens, T. R.:* The Bakers Digest (Pontiac) **36** (1962), H. 1, S. 71—74.

[35] *Träber, K.-H.:* Chem. Techn. **17** (1965), H. 1, S. 34—37.

[36] *Uhle, K.:* rt **10** (1962), H. 12, S. 544—546.

[37] *Volquartz, H.:* DRP Nr. 64 514 (Kl. 42 l 102) v. 25. 6. 1891.

[38] *Voß, G.*, u. *Eger, N.:* Erdöl u. Kohle **13** (1960), H. 3, S. 178—183.

[39] *Warncke, H.:* S. 548—565 in „Messen und Regeln in der Chemischen Technik" (von J. Hengstenberg u. M.), 2. Aufl., Berlin, Göttingen, Heidelberg 1964.

[40] Techn. Inf. (GRW Teltow) **4** (1966), H. 3, S. 43.

[41] Process Control Automat. (London) **11** (1964), H. 7, S. 322 u. 323.

[42] Pneumatische Drehkörper-Dichtemeßeinrichtung. Inf.-Blatt d. „Messe d. Meister von Morgen" 1965 d. VVB Elektrochemie und Plaste.

Auskünfte, Prospekte u. a. Unterlagen folgender Firmen:

[43] AEG - Telefunken, Fachgebiet Meßwesen, Heiligenhaus Bez. Düsseldorf.

[44] Avery Hardoll Ltd., Chessington, Surrey, England.

[45] Debro-Werk Paul de Bruyn K-G., Düsseldorf-Oberkassel.

[46] Fischer & Porter GMBH, Göttingen-Gr. Ellershausen.

[47] Fischer & Porter Comp., Warminster, Penns., USA.

[48] Fisher Governor Comp., Marshalltown, Iowa, USA.

[49] The Foxboro Comp., Foxboro, Mass., USA.

[50] Frede-Automatic KG, Düsseldorf.

[51] Frieseke & Hoepfner GMBH, Erlangen-Bruck.

[52] G-S-T (Gesellschaft für selbsttätige Temperaturregelung), Berlin-W.

[53] HYDRO Apparate Bauanstalt, Düsseldorf-Rath.

[54] VEB Junkalor, Dessau.

[55] L. Krohne, Duisburg.

[56] Laboratorium Prof. Dr. Berthold, Wildbad (Schwarzwald).

[57] Negretti & Zambra Deutschland GMBH, Michelstadt/Odw.

[58] Rotameter Manufacturing Comp. Ltd., Croydon, Surrey, England (vertr. durch Elliot-Automation GMBH, Zürich).

[59] Sperry Gyroscope Comp. Ltd., Brentford, Middlesex, England.

[60] Sunvic Regler GMBH, Solingen-Wald.

[61] E. Thiemt, Dortmund.

[62] VEB Vakutronik (WIB), Dresden.

[63] WRM - KG für Wärme-Regel-Meßtechnik, Bochum-Dahlhausen.

[64] VEB Zuckerfabrik „Nordkristall", Güstrow.

Sachwörterverzeichnis

Additional material from *Kontinuierliche Flüssigkeitsdichtemessung*, ISBN 978-3-663-03150-5, is available at http://extras.springer.com